••• Títulos relacionados

TMVG0409 MANTENIMIENTO DEL MOTOR Y SUS SISTEMAS AUXILIARES
[DISPONIBLE CERTIFICADO COMPLETO]

Prevención de riesgos laborales y medioambientales en mantenimiento de vehículos
UF0917
Pilar Díaz Zazo

ISBN: 978-84-283-3472-3

Mantenimiento de motores térmicos de dos y cuatro tiempos
UF1214
David González Calleja

ISBN: 978-84-283-3640-6

Mantenimiento de sistemas de refrigeración y lubricación de los motores térmicos
UF1215
David González Calleja

ISBN: 978-84-283-3644-4

Mantenimiento de sistemas auxiliares del motor de ciclo Otto
UF1216
David González Calleja

ISBN: 978-84-283-3764-9

Mantenimiento de sistemas auxiliaresdel motor de ciclo diésel
UF1217
David González Calleja

ISBN: 978-84-283-3784-7

Solicítalos en:

- Librería
- www.paraninfo.es
- Solicitudes nacionales 902 995 240
- Solicitudes fuera de España +34 913 308 907, +34 913 308 919

Técnicas de mecanizado y metrología

UF1213

Pedro Urda Fernández-Bravo
José María García Castro

TRANSVERSAL

Paraninfo

Paraninfo

Técnicas de mecanizado y metrología
© Pedro Urda Fernández-Bravo
José María García Castro

Gerente Editorial
María José López Raso

Equipo Técnico Editorial
Alicia Cerviño González
Paola Paz Otero

Editora de Adquisiciones
Carmen Lara Carmona

Producción
Nacho Cabal Ramos

Diseño de cubierta
Ediciones Nobel

Preimpresión
Montytexto

1ª edición, 2016

Velázquez 31, 3° D / 28001 Madrid, ESPAÑA
Teléfono: 902 995 240 / Fax: 914 456 218
clientes@paraninfo.es / www.paraninfo.es

ISBN: 978-84-283-3466-2
Depósito legal: M-36098-2016

(34424)

Impreso en España / *Printed in Spain*
Liber Digital, S.L.

A mis padres, esposa e hijos.

Pedro Urda Fernández-Bravo

A mi familia.

José María García Castro

Índice

Agradecimientos

Queremos expresar nuestro más sincero agradecimiento por su colaboración en la realización de la presente obra a las siguientes empresas:

ACESA

PALMERA

TIBERMOTOR SUR CONCESIONARIO VOLVO

CERRAJERÍA DUGAVAL

BERGÉ AUTOMOTIVE LOGISTICS

FACOM

IRIMO

SASAM

RENAULT RETAIL GROUP

Introducción normativa

La Ley Orgánica 5/2002, de 19 de junio, de las Cualificaciones y de la Formación Profesional fue el primer texto legislativo que reguló de forma exclusiva las enseñanzas profesionales en España. Relaciona directamente la formación con el empleo, permitiendo las convalidaciones y equivalencias entre la Formación Profesional del sistema educativo, la Formación Profesional para el empleo y experiencia laboral. Para poder desarrollar estas medidas se creó el Sistema Nacional de Cualificaciones Profesionales y dos instrumentos básicos: el Catálogo Nacional de Cualificaciones Profesionales y el Catálogo Modular de Formación Profesional.

Las Cualificaciones profesionales responden a la iniciativa que impulsa el Marco Europeo de las Cualificaciones (MEC) para el aprendizaje permanente (EQF), que aspira a facilitar un espacio abierto de aprendizaje y de empleo, así como la adecuación entre oferta y demanda no solo a nivel estatal, sino entre los distintos países.

El Catálogo Nacional de Cualificaciones Profesionales ordena las cualificaciones profesionales, incluyendo el contenido de la formación profesional asociada a cada cualificación, de acuerdo con una estructura de módulos formativos articulados en un Catálogo Modular de Formación Profesional. Entre sus principales objetivos tiene el posibilitar la integración de las ofertas de formación profesional, adecuándolas a las características y demandas del sistema productivo.

Para conseguirlo, este Catálogo, además de identificar y definir las cualificaciones profesionales que requiere el sistema productivo, establece los contenidos formativos básicos que resultan necesarios para que las ofertas formativas garanticen la adquisición de las competencias profesionales apropiadas para el desempeño profesional.

Las Cualificaciones profesionales se acreditan mediante «Títulos» de Formación Profesional del sistema educativo, y Certificados de Profesionalidad de Formación para el Empleo. Ambas acreditaciones tienen carácter oficial y son válidas en todo el Estado.

Los contenidos asociados a las diferentes unidades de competencia de las cualificaciones profesionales constituyen el Catálogo Modular de Formación Profesional, que se estructura en módulos formativos.

Mediante la superación de los módulos formativos, diseñados en itinerarios específicos para cada Cualificación profesional, se puede obtener el Certificado de Profesionalidad correspondiente. Además, se posibilita la convalidación de determinados módulos profesionales incluidos en los títulos de Formación Profesional del sistema educativo, asociados a Unidades de competencia comunes.

El Certificado de Profesionalidad es, por tanto, el instrumento de acreditación oficial, en el ámbito de la Administración laboral, de las cualificaciones profesionales incluidas en el Catálogo Nacional de Cualificaciones Profesionales, adquiridas a través de procesos formativos o mediante procedimientos de reconocimiento de competencias profesionales que acreditan la capacitación para el desarrollo de una actividad laboral con significación para el empleo, que asegura la formación necesaria para su adquisición y que pueden ser adquiridas por experiencia laboral o vías no formales de formación, regulados por el Real Decreto 1224/2009, de 17 de julio.

Las Cualificaciones profesionales se estructuran en Unidades de competencia, que se definen como agrupaciones de tareas productivas específicas que debe realizar el profesional. Las diferentes Unidades de competencia de un certificado de profesionalidad conforman la Competencia general, definiendo el conjunto de conocimientos y capacidades que permiten el ejercicio de una actividad profesional determinada.

Cada Unidad de competencia lleva asociado un módulo formativo, donde se describe la formación necesaria para adquirir esa Unidad de competencia, pudiendo dividirse en unidades formativas.

El módulo formativo es el bloque coherente de formación asociado a cada una de las Unidades de competencia que configuran la cualificación. Cada módulo formativo tiene un formato normalizado que incluye los datos de identificación y las especificaciones de la formación que se incluyen en las ofertas formativas conducentes a la obtención de los certificados de profesionalidad.

DATOS DE IDENTIFICACIÓN:

- Denominación.
- Nivel de cualificación al que se vincula.
- Unidad de competencia a la que está asociado.
- Código alfanumérico y duración en horas.

ESPECIFICACIONES DE LA FORMACIÓN:

- Capacidades: expresión de los resultados esperados de las personas en situación de aprendizaje al finalizar el Módulo Formativo.
- Criterios de evaluación: conjunto de precisiones para cada capacidad que indican el grado de concreción aceptable de la misma. Delimitan el alcance y nivel de la capacidad y el contexto en el que va a ser evaluada.
- Contenidos formativos necesarios para adquirir las competencias a las que se asocia. Requisitos básicos del contexto formativo: espacios e instalaciones y perfil profesional del formador. Estos requisitos tienen carácter orientador para la normativa básica reguladora de las ofertas formativas.

El presente libro desarrolla la Unidad Formativa Técnicas de mecanizado y metrología, **Código:** UF1213, **Duración:** 50 horas.

Corresponde al Módulo Formativo denominado Motores (MF0132_2), asociado a la Unidad de Competencia UC0132_2 Mantener el motor térmico, perteneciente a las Cualificaciones Profesionales de referencia Mantenimiento del motor y sus sistemas auxiliares (TMV048_2) y Mantenimiento de la planta propulsora, máquinas y equipos auxiliares de embarcaciones deportivas de recreo (TMV555_2) incluidas en los Certificados de Profesionalidad de Mantenimiento del motor y sus sistemas auxiliares (TMVG0409) y de Mantenimiento de la Planta Propulsora, Máquinas y Equipos Auxiliares de Embarcaciones Deportivas y de Recreo

(TMVU0112), regulados respectivamente por el Real Decreto 723/2011, de 20 de mayo (modificado posteriormente por el Real Decreto 626/2013, de 2 de agosto), y por el Real Decreto 992/2013, de 13 de diciembre.

La estructura organizativa de los contenidos corresponde fielmente a la establecida por la normativa vigente y más concretamente a los contenidos de la Unidad Formativa Técnicas de mecanizado y metrología.

Contenido

1. Tecnología de mecanizado manual

- Limas, lijas, abrasivos, hojas de sierra, brocas.
- Técnicas y normas para el taladrado.
- Tipos de remaches y abrazaderas.
- Utilización de herramientas de corte y desbaste.
- Materiales a mecanizar y sus propiedades.
- Materiales metálicos utilizados en los vehículos.
- Clasificación y normalización del hierro y del acero.
- Clasificación de los metales no férreos, aleaciones ligeras.
- Propiedades y ensayos de metales, tratamientos térmicos, termoquímicos, mecánicos y superficiales.
- Técnicas de rectificado de superficies, fresado, torneado y bruñido.
- Corrosión y protección anticorrosiva.

2. Tecnología de las uniones desmontables

- Tipos de roscas empleadas, aplicaciones y normativas
- Terminología de las uniones atornilladas.
- Tipos de tornillos, tuercas y arandelas y sus aplicaciones.
- Tipos de anillos de presión, pasadores, clip, grapas y abrazaderas.
- Técnica de roscado.
- Reconstrucción de roscas.
- Pares de apriete.
- Fijación de ruedas y poleas, clavijas, chavetas y estriados.
- Herramientas manuales, eléctricas y neumáticas.

3. **Nociones de dibujo e interpretación de planos**

- Sistema diédrico: alzado, planta, perfil y secciones.
- Vistas en perspectivas.
- Acotación.
- Simbología de tolerancias.
- Especificaciones de materiales.
- Interpretación de piezas en planos o croquis.
- Trazado sobre materiales, técnicas y útiles.
- Manuales técnicos de taller.
- Códigos y referencias de piezas.

4. **Metrología**

- Magnitudes y unidades de medida.
- Técnicas de medida y errores de medición.
- Aparatos de medida directa.
- Aparatos de medida por comparación.
- Errores en la medición, tipos de errores.
- Normas de manejo de útiles de medición en general.

5. **Técnicas de soldadura**

- Soldadura blanda.
- Materiales de aportación y decapantes.
- Soldadura oxiacetilénica y oxicorte de chapa fina.
- Equipos de soldadura eléctrica por arco.
- Tipos de electrodos.
- Técnicas básicas de soldeo.

1. Tecnología de mecanizado manual

Contenidos

INTRODUCCIÓN

El mecanizado manual es el conjunto de operaciones necesarias para realizar trabajos de adaptación, construcción y realización de piezas. Aplicando las técnicas, de limado, serrado, taladrado, entre otras. Empleando para ello las herramientas adecuadas a cada proceso.

Estas operaciones tienen aplicación en la reparación de vehículos, en el área de carrocería y de electromecánica.

En la naturaleza se pueden encontrar los metales que sirven de base para la obtención de materiales que se utilizan en la fabricación de vehículos. Estos metales se someten a tratamientos térmicos y termoquímicos para que adquieran las propiedades mecánicas necesarias, y conseguir así los niveles adecuados de resistencia, dureza, tenacidad, elasticidad, etc. Para determinar su idoneidad estos metales se someten a ensayos.

A la hora de estudiar esta unidad formativa, sería conveniente ver los materiales metálicos y sus tratamientos, antes que conocer las herramientas y los procesos de mecanizado. De esta forma entenderemos mejor las características y propiedades que deben reunir los materiales utilizados en los vehículos y los que constituyen las herramientas.

1.1. LIMAS, LIJAS, ABRASIVOS, HOJAS DE SIERRA, BROCAS

El limado es la operación de mecanizado básico consistente en rebajar o dar forma a las piezas para obtener las dimensiones que se desean. Esto se consigue con el desprendimiento de material en forma de limaduras.

El limado tiene por objeto desbastar las caras de las piezas con formas curvas, planas, interiores o exteriores mediante las limas, para conseguir una pieza con las dimensiones expuestas en el croquis o plano.

En una pieza plana, el objetivo final será conseguir:

1. La planitud de las caras, comprobándolo con la regla o la escuadra plana sobre la superficie de las caras a verificar (Figura 1.1).
2. La escuadra entre las caras, comprobándolo con el ángulo recto de la escuadra y las dos caras a verificar (Figura 1.2).
3. El paralelismo entre caras, comprobándolo con el calibre en varias medidas para ver la diferencia entre ellas (Figura 1.3).

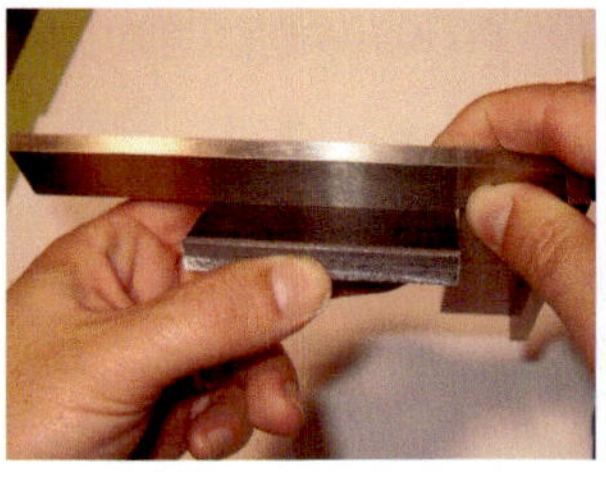

Figura 1.1. Comprobación de la planitud de la pieza.

Figura 1.2. Comprobación de la escuadra entre caras.

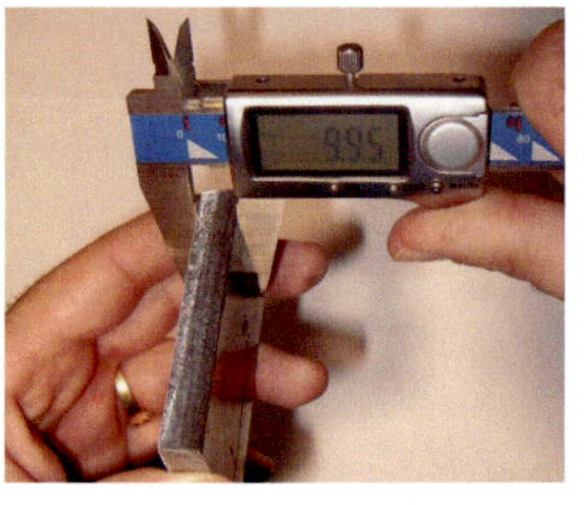

Figura 1.3. Comprobación del paralelismo entre las caras.

1.1.1. Limas

La lima es una herramienta que se utiliza en el proceso de limado manual.

Se fabrica de acero templado y consta de las siguientes partes:

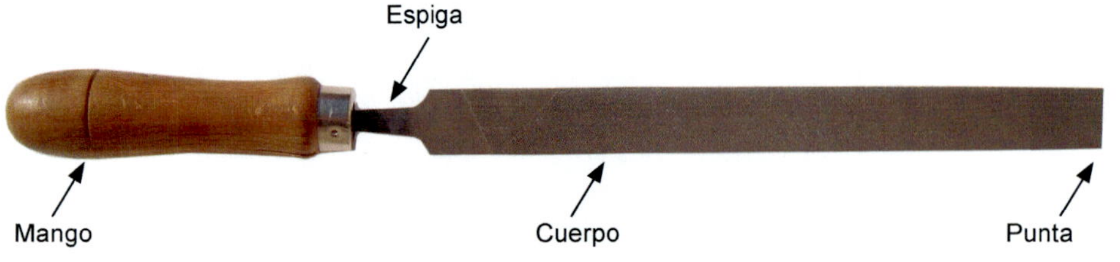

Figura 1.4. Partes que constituyen la lima.

- **Mango:** es la parte donde se agarra la lima y suele ser de madera o plástico. En su interior lleva perforado un orificio para la entrada de la espiga de la lima.
- **Espiga:** forma parte del cuerpo de la lima. Es de sección triangular terminada en punta para poder fijarse al mango al clavarse en él.
- **Cuerpo:** en él lleva practicado el estriado o picado de la lima. Su tamaño se da en pulgadas y es la parte principal o activa de la lima.
- **Punta:** también llamada extremo, es la terminación de la lima. Es la otra parte por donde se debe agarrar para realizar el proceso de limado.

Características de las limas

Las características de las limas vienen determinadas por su forma, tamaño, picado y grado de corte.

- **Forma:** la forma en la lima se corresponde con la sección transversal de su cuerpo, y se relaciona con las siguientes figuras geométricas:
  - **Lima plana:** tiene forma plana y su sección es rectangular (Figura 1.4), se utiliza para el rebaje y aplanado de superficies planas.
  - **Lima triangular:** tiene como sección transversal un triángulo equilátero con los cantos vivos y las caras de talla doble (Figura 1.5a). Se emplea para el limado de ángulos agudos interiores y siempre mayores que los de la propia lima, es decir, a partir de 65°.
  - **Lima cuadrada:** tiene forma de cuadrado (Figura 1.5b) con la punta ligeramente puntiaguda y caras de talla doble. Se utiliza para limar huecos cuadrados, superficies planas pequeñas y ranuras.
  - **Lima redonda:** tiene como sección transversal un círculo y se emplea principalmente para limar agujeros pequeños y superficies con curvas pronunciadas (Figura 1.5c).

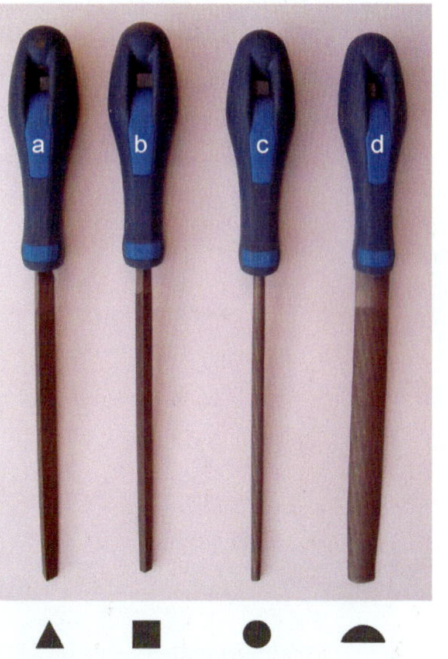

Figura 1.5. Tipos de lima según su forma.

  - **Lima de media caña:** tiene forma de arco en un lado y por el otro es plana, se utilizan las dos caras para usos diferentes (Figura 1.5d). La cara en forma de arco se emplea para limar superficies curvas de gran tamaño cóncavas o convexas o agujeros de gran diámetro, y la cara plana se utiliza para el rebaje o aplanado de superficies planas, son de picado doble.

- **Tamaño:** el tamaño en una lima se delimita por la medida del picado de su cuerpo, que oscila entre 100 a 300 mm de longitud. Normalmente viene expresado en pulgadas. Un ejemplo de los diferentes tamaños de las limas se puede ver en la Figura 1.6.

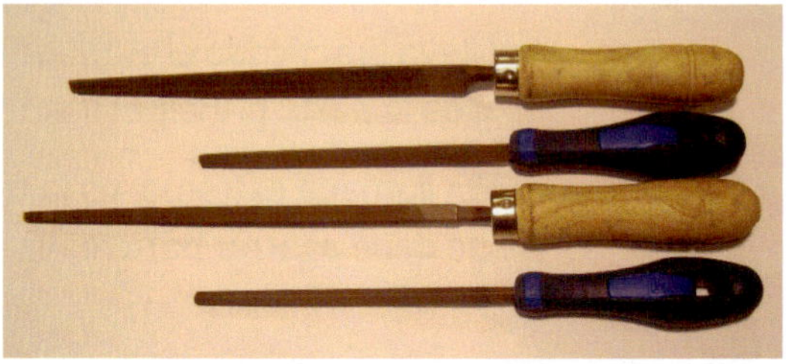

Figura 1.6. Diferentes tamaños de limas.

- **Picado:** el picado en una lima o talla es el estriado que se presenta en su cuerpo a modo de líneas afiladas, que desgastan el material en el proceso del limado. Este picado o estriado puede ser sencillo o doble:
  - **Picado sencillo:** es aquel que aparece en forma de líneas paralelas entre sí y perpendiculares al eje de la lima formando un ángulo de 90°, o inclinadas formando un ángulo de 70° (Figura 1.7). Se utilizan para limar materiales blandos como el aluminio o el cobre.
  - **Picado doble:** además del picado anterior con ángulo de 70° se le añade un segundo picado de menor profundidad y transversal al primero con un ángulo de 45° (Figura 1.8). Se emplean para desgastar o limar materiales férricos duros.

Figura 1.7. Picado sencillo de una lima.

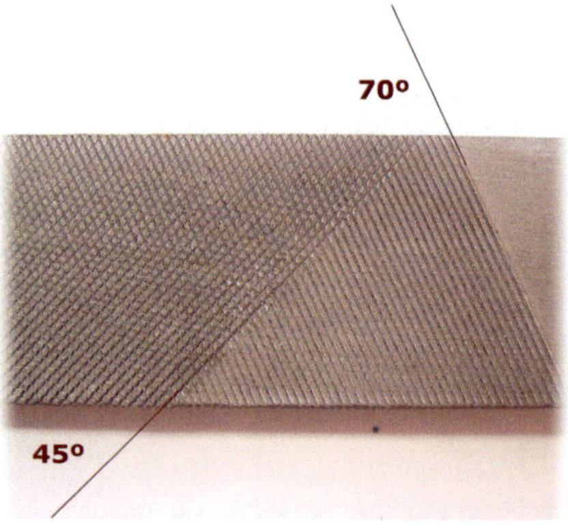

Figura 1.8. Picado doble de una lima.

Existen otros tipos de **picados especiales** empleados para el limado de la madera en las escofinas (Figura 1.9) y para el limado de carrocerías en las hojas de las garlopas (Figura 1.10).

Figura 1.9. Picado de una escofina.

Figura 1.10. Picado de la hoja de una garlopa.

- **Grado de corte:** se llama grado de corte en una lima al número de dientes o estrías por centímetro cuadrado de superficie de picado. El grado de corte puede ser basto, entrefino y fino.
  - **Grado basto:** el que tiene 1,5 mm de distancia entre las líneas de picado.
  - **Grado entrefino:** el que presenta una distancia de 1 mm entre líneas de picado.
  - **Grado fino:** el que tiene 0,5 mm de distancia entre las líneas de picado.

Figura 1.11. Limas con diferentes tipos de picado.

En la Figura 1.11 pueden verse diferentes tipos de grados de corte en las limas.

Para poder limpiar el picado o talla de las limas se emplea la carda (Figura 1.12). Este útil consta de un cuerpo que puede ser de madera o plástico, en el que lleva alojado una superficie con alambres acerados. La separación entre ellos es la misma que las líneas talladas del picado de las limas.

Figura 1.12. Carda para la limpieza de las limas.

Dentro de las limas distinguimos las **limas de carrocero,** que a su vez se clasifican en:

- **Lima de picado:** fabricada con las caras de talla doble y forma curva, tipo paleta (Figura 1.13 y 1.14). Se utiliza en carrocería para batir en los trabajos de reconformado de chapa.

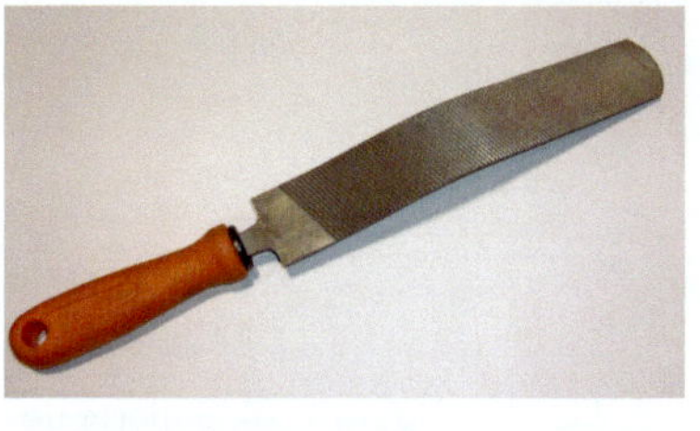

Figura 1.13. Lima de carrocero.

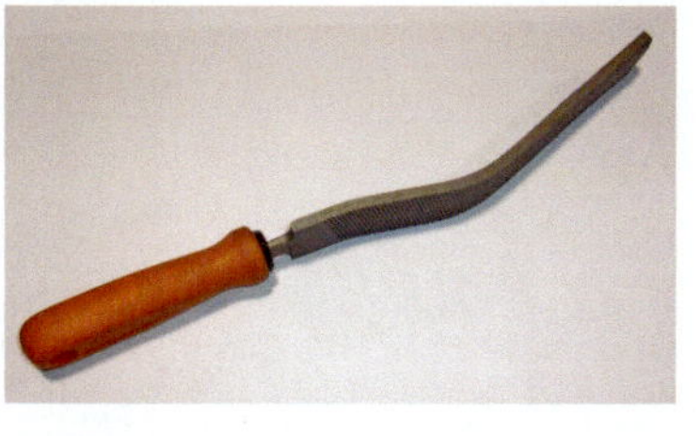

Figura 1.14. Lima de carrocero de perfil.

- **Garlopa o lima de carrocero:** se obtienen fresando el material macizo de acero al carbono. Al no obtenerse por picado se emplea un procedimiento especial de superafilado que permite la obtención de dientes tan afilados como cuchillos, los cuales proporcionan a estas limas un gran rendimiento en el arranque de viruta (Figura 1.15).

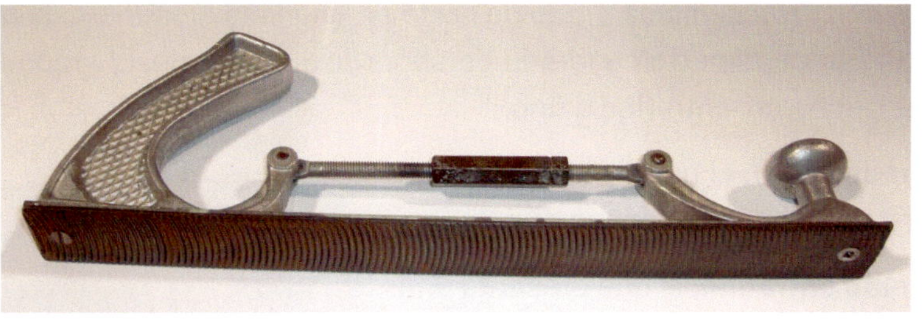

Figura 1.15. Garlopa.

1.1.2. Lijas

Las lijas se utilizan para desbastar o lijar las superficies dañadas o realizar un trabajo de acabado en una superficie limada. El término «papel de lija» debe su nombre a un pez, el «pintarroja o lija», cuya piel seca y áspera era utilizada antiguamente para pulir la madera de las embarcaciones.

■ Constitución de los abrasivos o lijas y granulometría

Las lijas están constituidas principalmente de tres elementos: el soporte, el aglutinante y el mineral abrasivo. El soporte puede ser de papel, de tela, de la combinación de ambos, de fibra vulcanizada o de plástico (en las Figuras 1.16, 1.17 y 1.18, se pueden ver diferentes tipos de soporte). El aglutinante está compuesto a base de cola o de resinas, pudiendo ser estas de urea, fenólicas, epoxídicas o alquídicas. Los minerales pueden ser de dos tipos: naturales o artificiales.

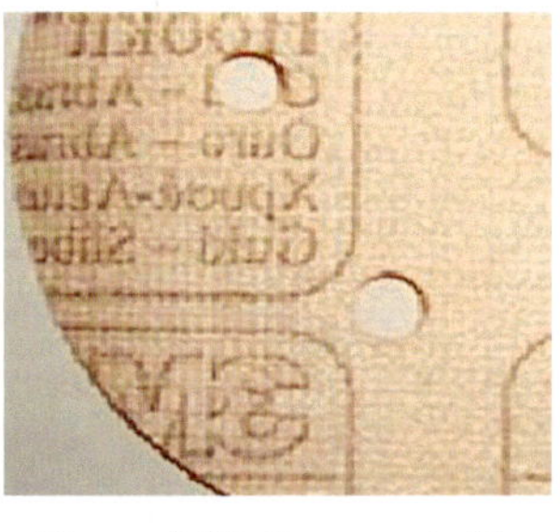

Figura 1.16. Soporte de lija de papel y tela.

Figura 1.17. Soporte de lija de fibra vulcanizada.

Figura 1.18. Soporte de lija de papel.

Los minerales empleados en la fabricación de las lijas son principalmente: óxido de aluminio, carburo de silicio, óxido de circonio y óxido de aluminio cerámico.

Todos estos minerales son pasados por diferentes tamices calibrados. Dependiendo de cuál de ellos se consigue atravesar se obtendrá el grosor y por tanto el grado de dureza del abrasivo. El primer tamiz es el más grueso y el más fino el último. También se realiza esta selección con métodos de decantación en líquidos.

A las lijas se les adjudica una letra y un número para clasificarlas. La letra es la P y la numeración va desde el 16 hasta el 4000, designados por la normativa de la Federación de Productores de Abrasivos de Europa (FEPA). El número indica el tamaño del grano abrasivo, cuanto mayor es la numeración, más fino es el papel y menor es el tamaño del grano y su poder abrasivo. Los más utilizados en los talleres de automoción son los comprendidos entre P-60 y P-3000.

El lijado

El lijado puede ser a mano o a máquina. El lijado a mano se realiza principalmente con soportes de lijado o con tacos de lijado:

- **El soporte de lijado tridimensional:** también llamado almohadilla abrasiva, es muy utilizada en el taller de automoción para lijar piezas de poca dureza.
- **El taco de lijado:** se utiliza como soporte para la lija. Es de goma flexible para poder adaptarse a la mayoría de las superficies, aunque principalmente se utiliza para el lijado de superficies planas. Lleva incorporado unos clavos en el interior de las pestañas para sujetar la lija y que esta no se mueva (Figura 1.19).

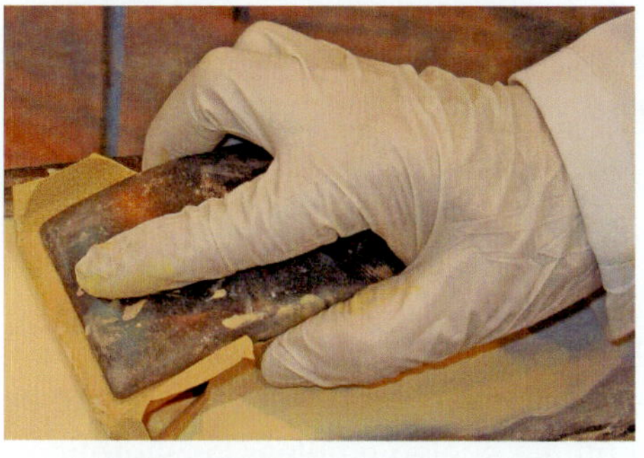

Figura 1.19. Taco de lijado manual.

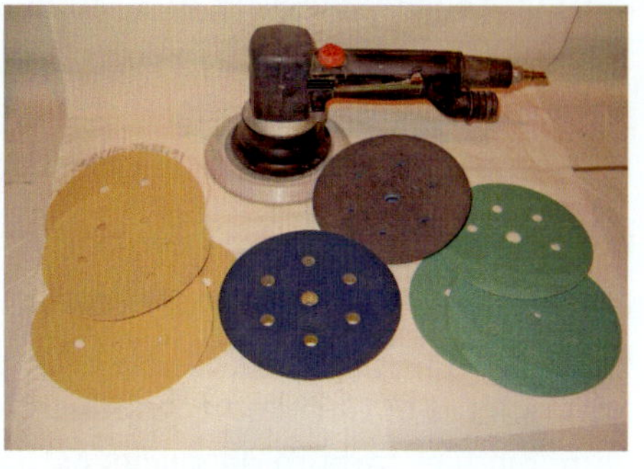

Figura 1.20. Lijadora neumática y discos de lija.

El lijado a máquina se realiza principalmente con lijadoras. Las **lijadoras** son máquinas eléctricas o neumáticas y se dividen en dos grandes grupos dependiendo de su forma de trabajar: las lijadoras orbitales y las rotoorbitales o excéntrico-rotativas. Las primeras, llamadas así por su movimiento orbital, y las segundas, por la combinación del movimiento circular y excéntrico (Figura 1.20). Este tipo de máquinas necesitan una toma de aspiración para recoger las partículas del polvo de lijado.

1.1.3. Abrasivos

El abrasivo es el material que en los procesos efectúa el desgaste de las superficies para conseguir su rebaje, ajuste, igualación y acabado. En las lijas, el abrasivo es el mineral que va adherido al soporte y que realiza el desgaste de las superficies. Muchas veces se denomina y se conoce como abrasivos o lijas.

Principalmente, existen tres clases de abrasivos dependiendo de su constitución:

- Abrasivos adheridos.
- Abrasivos de recubrimiento.
- Abrasivos tridimensionales.

En los abrasivos adheridos, el grano abrasivo se adhiere para formar una muela, un disco, un bloque abrasivo o un punto montado. Estos abrasivos no son flexibles.

En los abrasivos de recubrimiento, el grano abrasivo se adhiere sobre un material de soporte como papel, tela, poliéster o película plástica. Mediante este método se pueden producir abrasivos flexibles (Figuras 1.16, 1.17 y 1.18).

En los abrasivos tridimensionales, el grano abrasivo se adhiere a las fibras de una estructura esponjosa de tres dimensiones (Figura 1.21). El Mirlon y Scotch-Brite son ejemplos de esta tecnología, dando como resultado unos productos muy flexibles.

Figura 1.21. Abrasivo tridimensional.

El grano de los abrasivos de recubrimiento puede estar formado por abrasivos minerales naturales (N) o sintéticos (S). Entre los primeros están el *flint*, granate y esmeril, y entre los sintéticos el óxido de aluminio y el carburo de silicio. Actualmente se suelen emplear los sintéticos, por ser más agresivos.

Las principales propiedades de los granos abrasivos son:

- **Dureza:** es la mayor o menor resistencia que opone un mineral a ser rayado. Se expresa mediante la escala de Mohs, que se divide del 1 al 10, teniendo un valor de 1 el talco y de 10 el diamante.

- **Tenacidad:** es la resistencia que oponen los minerales a la rotura. Se refiere a rotura por exfoliación, que es la disgregación superficial de una roca, debido a las tensiones producidas por las diferencias de temperatura entre la superficie y el interior, y se expresa en tantos por ciento. Por ejemplo, el óxido de aluminio tiene una tenacidad del 75 % y el carburo de silicio del 55 %.
- **Corte:** define la agresividad o afilado de las aristas del grano.

A continuación, se detallan algunos de los principales elementos empleados como grano de los abrasivos:

- **Sílice** (SiO_2). Es de color blanco lechoso (N).
- **Esmeril** (Al_2O_3, FeO). Es de color negro mate (N).
- **Óxido de aluminio** (Al_2O_3). Es de color blanco, áspero y duro; es especialmente adecuado para la acción de lijar y tiene una dureza de 9 en la escala de Mohs (S).
- **Carburo de silicio** (CSi). Es de color negro brillante, duro pero quebradizo, adecuado para desbastar, tiene una dureza de 9,4 en la escala de Mohs (S).
- **Óxido de zirconio** (Al_2O_3, O_2Z_1). Es de color pardo, duro, adecuado para alto rendimiento de lijado (S).
- **Óxido de aluminio cerámico** (Al_2O_3) casi puro. Es de color blanco, muy duro, adecuado para el lijado extremo (S).
- **Diamante** (C), óxidos metálicos. Su color depende del óxido, es el más duro, pero también el más caro, tiene una dureza de 10 en la escala de Mohs, la máxima (N).

1.1.4. Hojas de sierra

Las hojas de sierra son láminas flexibles de acero templado al carbono HSS, una de cuyas aristas lleva mecanizado un dentado y la otra es lisa. Sus extremos suelen ser redondeados y con un taladro para su colocación en el arco de sierra (Figura 1.22).

También se fabrican con dentado de acero rápido, fuertemente unido por soldadura de rayos de electrones al vacío y cuerpo bimetal de aceros especiales.

Figura 1.22. Hojas de sierra.

La hoja de sierra es la parte activa de la herramienta de corte y sus características principales son: longitud, anchura, espesor y paso, como podemos ver en la Figura 1.23.

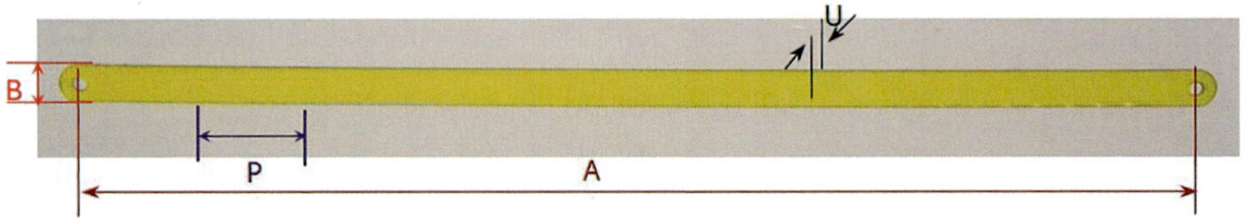

Figura 1.23. Características de una hoja de sierra.

- **Longitud:** es la distancia entre los taladros de fijación de la hoja (A), esta medida suele darse en pulgadas o en mm y la más común es de 300 mm.
- **Anchura:** es el ancho de la hoja o distancia entre contornos (B). Como en el caso anterior, se suele medir en pulgadas o en mm y las anchuras más utilizadas en los talleres de mantenimiento de vehículos son las de 1/2" y 5/6" o 13 mm y 25 mm.
- **Espesor:** es la distancia entre las caras de la hoja (U). Sus medidas más utilizadas son las de 0,65 mm y 0,80 mm.
- **Paso:** es la distancia entre dos dientes consecutivos o la cantidad de ellos que estén comprendidos en una pulgada o en un centímetro (P). Es la característica principal de la hoja de sierra y las medidas más usuales son: 18, 24 y 32 dientes por pulgada y de 8, 10 y 12 dientes por centímetro, cuanto mayor es el número de dientes por pulgada o cm más fino será el corte y mayor poder de corte tendrá. El paso se debe elegir en función del material que se vaya a cortar, pero nunca excesivamente grande, porque al encontrarse unos muy separados de otros, corremos el riesgo de que se produzca la rotura inmediata de la hoja.

Existen hojas de sierra, llamadas **bilaterales**, que incorporan el dentado en los dos laterales de la hoja.

El **ordenamiento de los dientes,** también llamado **triscado** (Figura 1.24), es la forma en la que están ordenados los dientes para evitar que la hoja se quede encajada en las paredes del material al producirse el corte. Esto se consigue dirigiendo en su fabricación los dientes de forma ondulada, llamados triscados ondulados (Figura 1.24), o con uno o dos dientes hacia fuera, alter-

Figura 1.24. Triscado ondulado de la hoja de sierra.

nando a la derecha y a la izquierda (Figura 1.25), al cual se le llama triscado normal.

Los **materiales de fabricación** más utilizados en la fabricación de las hojas de sierra son el acero al carbono o progresivo y los aceros rápidos aleados o bimetales. También existen hojas de sierra para las máquinas cortadoras alternativas, que son más anchas y robustas, es decir, tienen los dientes más fuertes, mayor espesor y longitud (Figura 1.26), Otros tipos de hojas de sierra son los utilizados en la cortadora neumática para trabajos de corte de chapa o en las sierras de cinta.

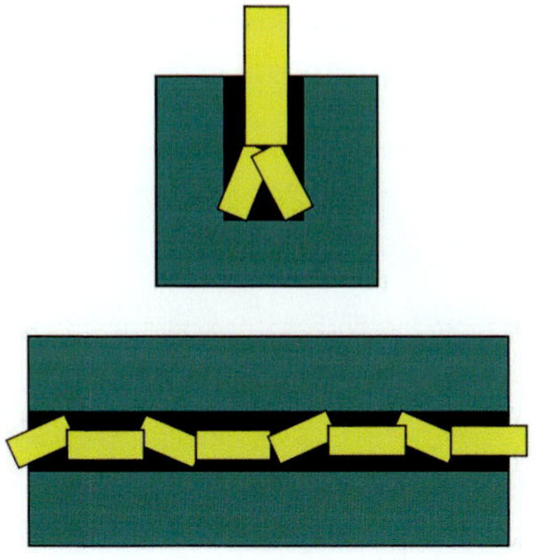

Figura 1.25. Triscado normal de una hoja de sierra.

Figura 1.26. Hoja de sierra para máquina.

■ Elección de la sierra en función del trabajo a realizar

En la Tabla 1.1 se pueden ver los diferentes tipos de hojas de sierra más comunes utilizados en el mecanizado, el cual nos facilitará la elección de la hoja de sierra en función del material a serrar:

Tabla 1.1. Hojas de sierra más comunes

Longitud (mm)	Espesor (mm)	Anchura (mm)	Paso /Tipo de hoja (pulgadas)	Material a trabajar
300	0,65	13	18Z HSS Progresivo	Aluminio, cobre, estaño
300	0,65	13	24Z HSS Bimetal	Hierro, acero
300	0,65	13	32Z HSS Bimetal	Acero inoxidable, materiales duros
300	0,65	13	22Z SS Bilateral	Hierro, acero

Z = Dientes por pulgada.

■ Arcos para serrar, tipos

El arco (Figura 1.27), también llamado soporte, es la estructura de acero en forma de «U» (1), en cuyos extremos lleva un mango (2), con tetón incorporado (5), para el alojamiento de la hoja de sierra en un lado, y en el otro, un mecanismo de tornillo y tuerca de tipo palomilla [4], también con tetón [3], para alojar el otro extremo de la hoja de sierra.

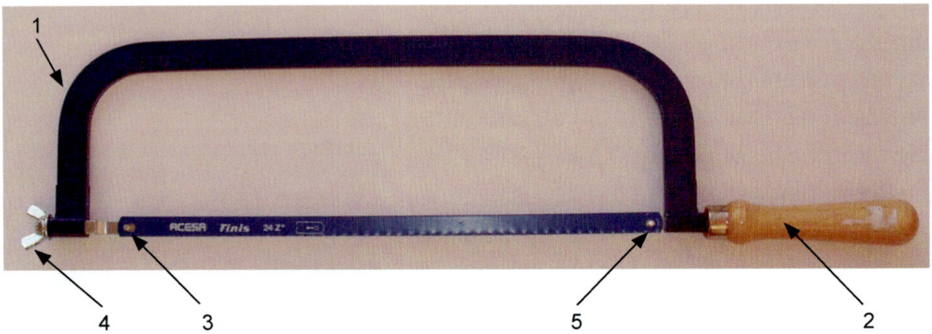

Figura 1.27. Arco de sierra.

Existen diferentes tipos de arcos y entre los más utilizados en el mecanizado de piezas metálicas están: los arcos fijos con mango incorporado [Figura 1.28a], los fijos con mango desmontable [Figura 1.28b] y los arcos extensibles [Figura 1.29].

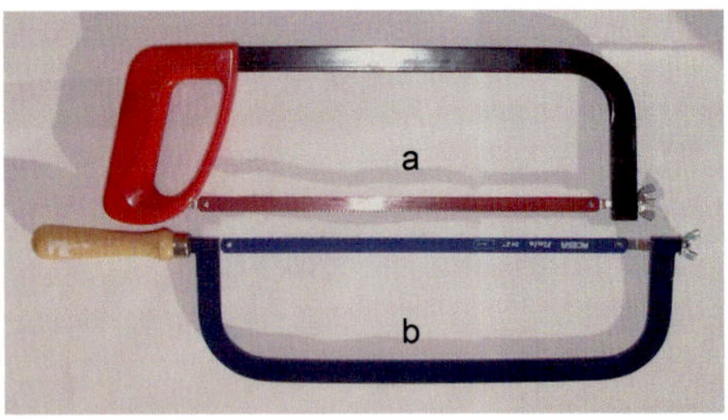

Figura 1.28. Tipos de arcos de sierra.

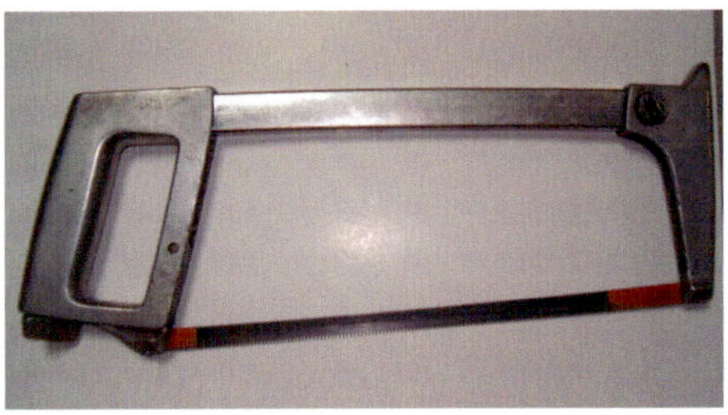

Figura 1.29. Arco de sierra extensible.

1.1.5. Brocas

Las brocas son herramientas de corte. Están constituidas por una barra cilíndrica de acero templado, con ranuras de forma helicoidal y afilada, de manera que al girar apoyada a presión sobre el material a taladrar, lo corta, desprendiendo virutas y penetrando en él.

■ Características

Las partes principales en que se divide una broca son: mango o cola, cuello, cuerpo y punta o boca [Figura 1.30].

Figura 1.30. Partes que forman una broca.

- **Mango o cola** (Figura 1.30): es la parte de la broca por donde se sujeta a la máquina. Los hay de dos tipos, cilíndricos y cónicos, cuando el mango es cilíndrico el diámetro es igual al nominal de la broca. Las brocas con mango cilíndrico no se suelen fabricar en diámetros mayores de 16 mm. Las brocas que tienen el mango cilíndrico llevan grabado sobre él, el diámetro nominal de la broca y el tipo de material del que está hecha (Figura 1.31).

Figura 1.31. Diámetro nominal de la broca y material del que está hecha.

Para diámetros mayores de 16 mm, el mango es cónico, teniendo sus ángulos normalizados. A este tipo de mango se le denomina cono morse (Figura 1.32). El extremo del cono termina en una clavija de forma rectangular (denominada lengüeta) que se aloja en una ranura del eje de la taladradora, sirve para impedir que el mango resbale sobre el eje, por el esfuerzo del arranque de viruta en la operación de taladrado.

- **Cuello** (Figura 1.32): es una zona entre la cola y el cuerpo. Consiste en un rebaje que tienen las brocas con mango cónico, en el que suele estar marcado el tipo de acero del que está constituida la broca y su diámetro.

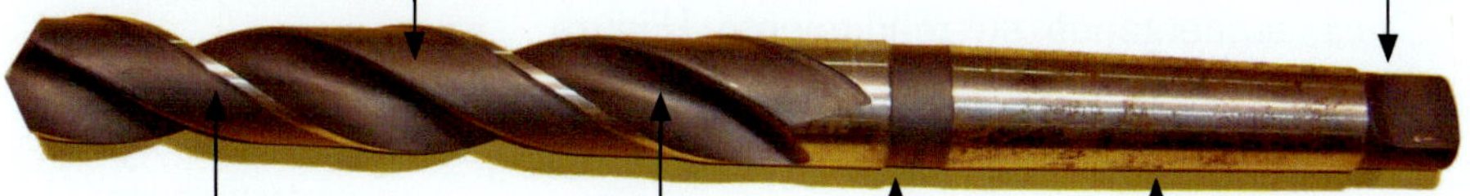

Figura 1.32. Broca con mango en cono morse y partes que la constituyen.

- **Cuerpo** (Figuras 1.30 y 1.32): es la parte comprendida entre el mango y la punta. Es cilíndrico y tiene dos ranuras helicoidales, que disminuyen su profundidad al acercarse al mango, para hacer que la broca tenga una mayor resistencia a la rotura al tener un núcleo de mayor diámetro. A través de las ranuras sale la viruta.

Gavilanes se llama a la parte externa del cuerpo y están en parte rebajados para disminuir el rozamiento.

Faja-guía es la parte más saliente de los gavilanes y tiene la misión de guiar la broca.

- **Punta o boca** (Figuras 1.30 y 1.32): es el extremo por donde la broca efectúa el corte y tiene forma de cono. En la boca se pueden distinguir los siguientes elementos:
  - **Filo transversal:** es la línea que une los fondos de las ranuras en la boca de la broca (1) (Figura 1.33). Esta línea forma un ángulo de 55º con los filos de corte.
  - **Filo principal:** conocido también como labio, es el filo de corte, va desde el filo transversal al exterior de la boca en la faja-guía (2) (Figura 1.33).
  - **Ángulo de punta:** es el ángulo formado por los dos filos principales (Figura 1.34). Este ángulo suele tener diferentes valores en función del material a taladrar, pudiendo ir de 110º a 135º, el ángulo menor se utiliza para taladrar metales duros.
  - **Ángulo de destalonado:** es la diferencia de altura entre el filo de corte y la ranura opuesta. Se realiza para facilitar el corte del filo y disminuir el rozamiento de la broca, aumentando su rendimiento (Figura 1.35).

Figura 1.33. Filos de la boca de una broca.

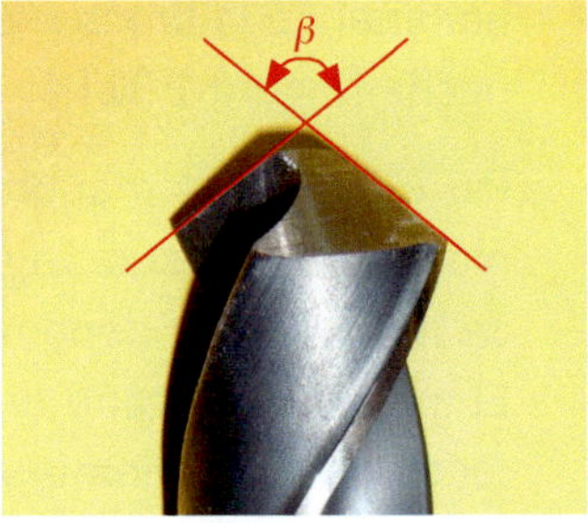

Figura 1.34. Ángulo de punta de la broca.

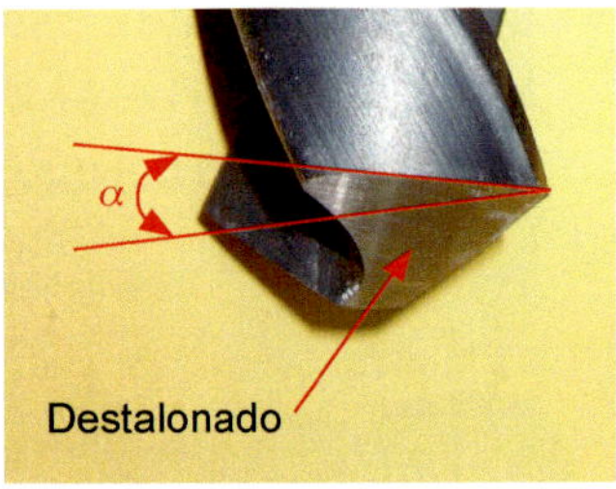

Figura 1.35. Ángulo de destalonado.

■ Composición

La elección de la broca se realiza teniendo en cuenta el material constructivo de la misma y el material a taladrar. Esto es indispensable para que los trabajos tengan mayor calidad, resulte más rápido el taladrado y se prolongue la vida de la broca.

Entre los materiales utilizados para la construcción de brocas podemos destacar:

- **Acero al carbono HS:** se emplean para taladrar materiales blandos.

- **Acero rápido HSS:** se utilizan para taladrar aceros de poca dureza.
- **Acero rápido HSS titanio rectificado:** son de acero de alto rendimiento y tienen un recubrimiento de una aleación de titanio. Se utilizan para taladrar aceros de gran dureza, tienen una larga duración, permiten aumentar la velocidad de trabajo y necesitan refrigeración durante el corte.
- **Acero rápido HSS E:** son de acero rápido de alto rendimiento con aleación de cobalto o vanadio y se utilizan para taladrar aceros de gran dureza. Son resistentes a la temperatura, no requieren refrigeración y se pueden trabajar con elevadas velocidades de corte.

Tipos de brocas

Las brocas tienen que estar dotadas de dos movimientos simultáneos, uno de rotación que produce el corte del material y otro de avance que permite que el taladro se efectúe. Existen infinidad de tipos de brocas. Su elección se debe realizar en función del material a taladrar, de la profundidad del taladro, del diámetro del taladro, del tipo de taladro, etcétera.

Existe una gran cantidad de brocas para taladrar metales. En la Figura 1.36 se muestran algunas de ellas:

Figura 1.36. Brocas utilizadas para taladrar.

- La «a» es una broca utilizada fundamentalmente para quitar puntos de soldadura. Tiene un punto de centrado y normalmente se montan sobre las máquinas neumáticas de quitar puntos.
- La «b» es una broca de acero rápido, de tipo helicoidal y se utiliza para realizar taladros convencionales.
- La «c» es una broca de acero rápido HSS, con la cola rebajada. Suele ser de un diámetro medio, normalmente superior a 13 mm y se rebaja la cola para facilitar su montaje sobre máquinas que tienen un portabrocas pequeño. Hay que utilizarlas con precaución sobre materiales duros, ya que al tener la cola rebajada pueden partirse, por estar su sección debilitada.
- La «d» es una broca de acero rápido HSS, para realizar taladros profundos. Su longitud es mayor que la de una broca convencional y los gavilanes están tallados para facilitar la salida de la viruta.

- La «e» es una broca HSS E de cobalto rectificada. Se utiliza para taladrar aceros de alta calidad, no necesita refrigeración durante el corte y permite efectuar el taladrado a una velocidad del 30 % superior a una broca de acero rápido.

Las brocas se fabrican en todas las medidas. Algunas veces se venden en estuches o cajas formando juegos de brocas con medidas escalonadas en 0,5 mm (Figura 1.37). Existen otros muchos tipos de brocas como por ejemplo: brocas para taladrar madera, brocas para taladrar materiales de construcción, brocas para taladrar cristales, etcétera.

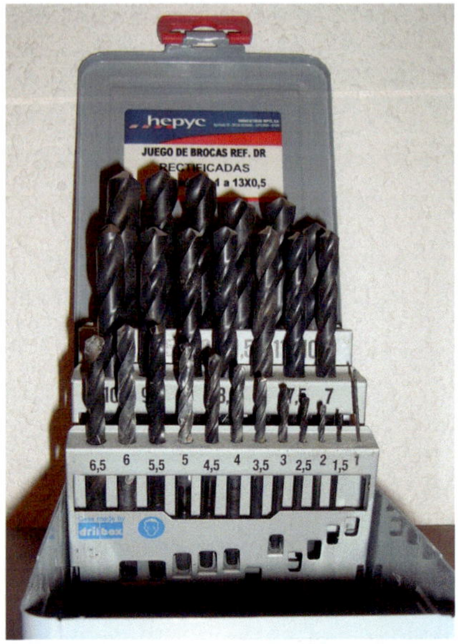

Figura 1.37. Juego de brocas, de medio en medio milímetro.

También citaremos las coronas de taladrado y las brocas cónicas. Las coronas se utilizan para realizar taladros de gran diámetro y las brocas cónicas para realizar taladros de distintos diámetros sin cambiar de broca, normalmente se utilizan para realizar taladros sobre chapas (Figura 1.38).

Figura 1.38. Broca cónica escalonada.

1.2. TÉCNICAS Y NORMAS PARA EL TALADRADO

El taladrado es la operación de mecanizado con desprendimiento de viruta que tiene por objeto hacer orificios circulares sobre las piezas, mediante una herramienta denominada broca. El orificio obtenido, denominado taladro, puede ser de distintos diámetros, pasante o ciego (Figura 1.39).

Figura 1.39. Taladros sobre una pieza.

Existen distintas técnicas de taladrado dependiendo de las piezas a taladrar o de los medios y las máquinas a utilizar, entre ellas podemos destacar el taladrado a mano, el cual ha caído prácticamente en desuso, y el taladrado con máquina, dentro de este se puede distinguir: taladradora, taladro portátil, torno, fresadora, en un centro de mecanizado (CNC), o en una mandrinadora. De las distintas máquinas nombradas aquí, fundamentalmente nos ocuparemos de la máquina de taladrar fija y de la taladradora portátil.

1.2.1. Taladradoras

Las taladradoras son las máquinas que proporcionan a la broca el movimiento giratorio para realizar el taladro y el avance o profundidad del mismo.

Incorporando a la máquina distintas herramientas, se pueden realizar otras operaciones, entre ellas se puede destacar el avellanado, el escariado y el roscado, dependiendo de las características y del tipo de máquina.

Figura 1.40. Taladradora portátil y distintos accesorios.

La gran variedad de taladros y operaciones a efectuar han dado lugar a la creación de distintos tipos de máquinas, dividiéndose en dos grupos: fijas y portátiles, las cuales se dividen a su vez en función del trabajo que realizan en:

- **Taladradoras sensitivas o de sobremesa:** estas máquinas se denominan de sobremesa porque van colocadas sobre una mesa o banco específico (Figura 1.41). Están constituidas por:
  - **La bancada o pie de la máquina** (1): sirve para fijarla sobre el banco o mesa sobre la que se monta (11) y sobre ella va la columna (2) que sustenta el cabezal.

- **La columna** (2): es la parte de la máquina que sirve de soporte al cabezal y va montado sobre la bancada.
- **El motor eléctrico** (3): es el encargado de proporcionar el giro al husillo de la máquina (7) para efectuar el taladro. Los motores suelen tener una potencia variable, en función de las características y el trabajo de la máquina.
- **El cabezal** (4): está situado en la parte superior de la máquina y en él va el motor eléctrico (3), las poleas para seleccionar las velocidades y el husillo sobre el que se monta el portabrocas o las brocas. Hay dos grupos de poleas, unas unidas al motor y otras al husillo, realizándose la transmisión de movimiento a través de una correa. Si la polea seleccionada del motor es la pequeña y la del husillo la grande, la máquina girará al menor número de revoluciones posible, si se selecciona en el motor la polea grande y en el husillo la pequeña, la máquina girará al máximo de revoluciones.

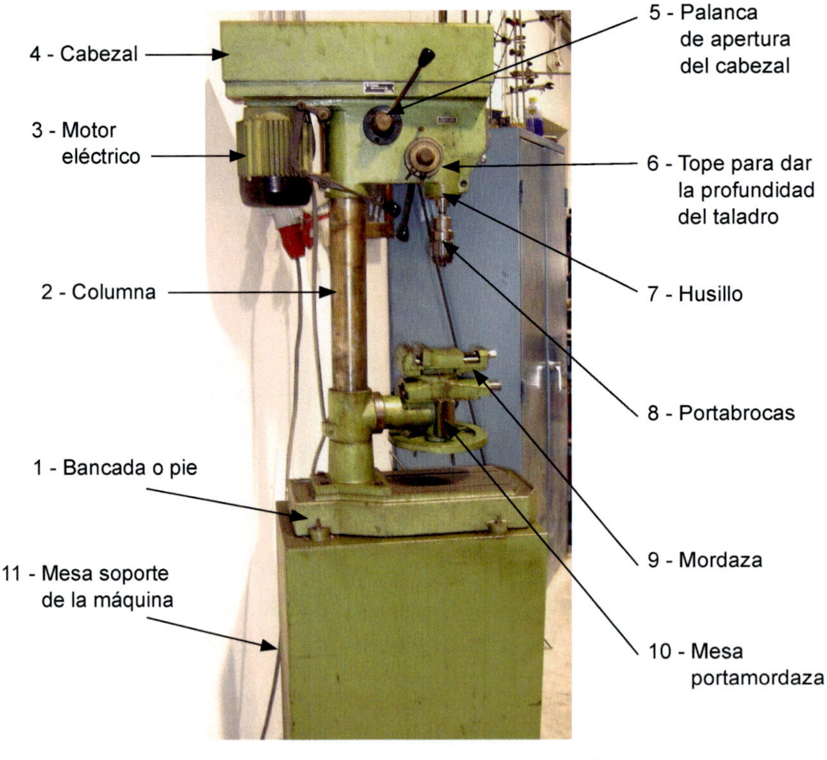

Figura 1.41. Partes que constituyen una taladradora.

Entre la polea grande y la pequeña hay un grupo intermedio de poleas escalonadas, que determinarán el número de velocidades de la máquina, a mayor número de par de poleas, mayor número de velocidades. Algunas taladradoras en lugar de tener poleas, llevan piñones que controlan las revoluciones y el avance. El cabezal se puede deslizar sobre la columna mediante un mecanismo para variar su altura.

- **El husillo** (7): está unido a las poleas que reciben el movimiento del motor, sobre él se monta el portabrocas (8) o las brocas. El alojamiento para el portabrocas y brocas de gran tamaño es de cono morse (cono morse es cuando la cola de la broca o del portabrocas tiene forma troncocónica).
- **Tope de profundidad de taladrado** (6): dispone de una escala graduada para regular el avance total del husillo que determina la profundidad del taladro, lleva una pieza o un pasador que impide que el husillo sobrepase el recorrido establecido.
- **Portabrocas** (8): es la pieza sobre la que se monta y sujeta la broca en la taladradora. Cuando los portabrocas van fijados a la máquina mediante cono morse se utilizan para sujetar brocas con mango cilíndrico. Los portabrocas utilizados normalmente sirven para sujetar brocas de hasta 13 mm, se abren y cierran de forma manual. Algunos llevan una llave para efectuar su apriete.
- **Mordaza** (9): esta pieza se monta sobre la mesa portamordaza, se utiliza para sujetar las piezas en las operaciones de taladrado. En ocasiones es necesario utilizar bridas, calzos, sargentos, etc., para sujetar perfectamente las piezas.
- **Mesa portamordaza** (Figura 1.42) va montada sobre la columna de la máquina, pudiéndose deslizar sobre ella en altura y a su alrededor al aflojar un mando (2). Tiene una escala en grados (1) que al aflojar el mando (3) permite girar la mesa sobre su eje, esto facilita saber los grados de inclinación para realizar taladros que formen ángulos con respecto a la pieza.

Figura 1.42. Mesa portamordaza.

Estas máquinas se denominan sensitivas, porque el avance de la broca durante la fase de trabajo lo determina la presión ejercida por el brazo, sobre el mecanismo de desplazamiento.

- **Taladradora portátil eléctrica:** estas taladradoras son muy utilizadas por su gran versatilidad de uso. Para su funcionamiento se requiere un enchufe con tensión eléctrica. Están constituidas por un cuerpo (Figura 1.43), en cuyo interior lleva un motor eléctrico, que entra en funcionamiento al accionar un gatillo haciendo girar el portabrocas.

Figura 1.43. Taladradora portátil eléctrica.

Algunas taladradoras eléctricas portátiles, además de producir el giro, suelen tener distintas velocidades de funcionamiento y un regulador de revoluciones, para utilizarlos en función del taladro a efectuar, pudiéndose seleccionar el sentido de giro a derechas o a izquierdas.

Pueden llevar un movimiento longitudinal en el sentido del eje a la vez que el movimiento de giro, a esto se le denomina percusión y se utiliza para poder realizar taladros sobre paredes, hormigón, etcétera.

El portabrocas puede ser de cierre rápido o mediante una llave dentada para realizar su apertura y cierre, en ambos casos al girar el casquillo externo manualmente o mediante la llave dependiendo del tipo que sea, actúa sobre tres garras que sujetan la broca.

Existen otros tipos de máquinas portátiles como son: la taladradora eléctrica a batería, taladradora neumática.

- **Taladradora a mano:** en estas taladradoras el movimiento de corte y de avance se efectúa a mano, por lo que el trabajo con ella resulta muy fatigador y lento. Debido a estas circunstancias actualmente se utiliza muy poco. Constan de un cuerpo y una barra cilíndrica (Figura 1.44) en cuyo extremo lleva el apoyo sobre el que se empuja para conseguir el avance. En el cuerpo lleva una caja de engranajes que se acciona mediante una manivela. Al girarla, los engranajes multiplican la velocidad de giro del portabrocas, para conseguir el corte. Algunas taladradoras de este tipo tienen un sistema de desmultiplicación, consiguiéndose dos velocidades de giro distintas.

Figura 1.44. Taladradora portátil de mano.

1.2.2. Velocidad de corte

La velocidad de corte en la ejecución del taladrado es el espacio recorrido por el punto exterior del filo de la broca en la unidad de tiempo. El recorrido se mide en metros y el tiempo en minutos.

Si llamamos n al número de revoluciones por minuto de la broca, D al diámetro de la broca en milímetros, V a la velocidad de corte, y teniendo en cuenta que $\pi = 3{,}14$ y 1 metro = 1000 mm, tendremos:

$$V = \frac{\pi \cdot D \cdot n}{1000} = \text{m por minuto}$$

Y, por tanto, el número de revoluciones de la broca:

$$n = \frac{1000 \cdot V}{\pi \cdot D}$$

De donde se deduce que la velocidad de corte depende de la dureza del material a taladrar, de la calidad del material de la broca y del diámetro de la misma.

1.2.3. Avance

Se denomina avance al progreso de la broca durante la operación de taladrado, medido en milímetros por vuelta. Por tanto, el avance depende de la dureza del material a taladrar, del diámetro de la broca y de la calidad del material que la constituye.

A continuación, en la Tabla 1.2, se presenta un cuadro de avance del taladrado en milímetros por revolución, teniendo en cuenta el material a taladrar.

Tabla 1.2. Avance en milímetros según el tipo de material a taladrar

Diámetro del taladro en milímetros	Tipo de broca	Hierro	Acero	Fundición	Bronce	Latón	Aluminio
De 1 a 3	HS HSS	0,05 0,05	0,05 0,05	0,05 0,05	0,1 0,125	0,1 0,125	0,1 0,125
De 3 a 5	HS HSS	0,05 0,01	0,05 0,1	0,05 0,1	0,1 0,125	0,1 0,125	0,1 0,125
De 5 a 8	HS HSS	0,1 0,1	0,1 0,1	0,1 0,1	0,125 0,150	0,125 0,150	0,125 0,150
De 8 a 10	HS HSS	0,1 0,1	0,1 0,1	0,1 0,1	0,15 0,2	0,15 0,2	0,15 0,2
De 10 a 12	HS HSS	0,1 0,1	0,1 0,1	0,1 0,1	0,2 0,225	0,2 0,225	0,2 0,225
De 12 a 15	HS HSS	0,1 0,15	0,1 0,15	0,1 0,15	0,2 0,225	0,2 0,225	0,2 0,225
De 15 a 17	HS HSS	0,1 0,15	0,1 0,15	0,1 0,15	0,2 0,225	0,2 0,225	0,2 0,225
De 17 a 20	HS HSS	0,15 0,2	0,15 0,2	0,15 0,2	0,225 0,3	0,225 0,3	0,225 0,3

HS = Broca de acero al carbono.
HSS = Broca de acero rápido.

1.2.4. Normas en los procesos de taladrado

Para lograr una buena calidad en la ejecución del taladrado se deberán tener en cuenta las normas que se especifican en la Tabla 1.3.

Tabla 1.3. Normas para una buena ejecución del taladrado

Taladradoras fijas	Taladradoras portátiles
Fijar perfectamente las piezas a taladrar, en función de su forma y tamaño utilizando las sujeciones y anclajes apropiados.	Sujetar las piezas a taladrar firmemente, sobre todo las de pequeño tamaño, ya que al atravesar la broca la pieza tiende a roscarse sobre los gavilanes al tener un trazado helicoidal, lo que provoca una subida de la pieza sobre la broca con el riesgo que esto causa.
Seleccionar la velocidad de giro de la máquina y el avance si está dotada de él, en función del material a taladrar y del diámetro del taladro.	Seleccionar la velocidad de giro de la máquina, en función del material a taladrar y del diámetro del taladro.
Seleccionar la broca adecuada al diámetro del taladro y al material a taladrar, si el diámetro es importante, se deberá taladrar previamente con brocas de menor diámetro.	Seleccionar la broca adecuada al diámetro del taladro y al material a taladrar, si el diámetro es importante, se deberá taladrar previamente con brocas de menor diámetro.

Taladradoras fijas	Taladradoras portátiles
Verificar el estado y afilado de la broca.	Verificar el estado y afilado de la broca.
Realizar el montaje de la broca sobre la máquina efectuando el apriete adecuado.	Realizar el montaje de la broca sobre la máquina efectuando el apriete adecuado.
Hay que tener cuidado cuando el taladro traspase la pieza, ya que la broca tiende a clavarse, lo que puede provocar la rotura de la broca o el arrastre de la pieza.	Hay que tener cuidado cuando el taladro traspase la pieza, ya que la broca tiende a clavarse, lo que puede provocar la rotura de la broca o el giro de la muñeca y producir un accidente, por tanto es conveniente disminuir ligeramente la presión sobre la máquina, para que la perforación se realice suavemente.
Utilizar la lubricación-refrigeración adecuada al material a taladrar.	Realizar la lubricación-refrigeración adecuada en los casos necesarios.

Lubricación y refrigeración en los procesos de taladrado

En los procesos de taladrado se produce el calentamiento de la broca por el roce entre esta y el material a taladrar, lo que da lugar a variaciones de velocidad de la broca, falta de calidad en el taladro y degeneración rápida de los filos de corte, pudiéndose llegar a producir la degradación y destrucción de la broca al quemarse por el calentamiento.

Para evitar el calentamiento de la broca se utilizan los lubricantes-refrigerantes en los procesos de taladrado. Estos líquidos tienen una doble misión, disminuir la temperatura del filo de corte de la broca y hacer de lubricante, disminuyendo el rozamiento de la broca con la pieza, lo que impide que suba excesivamente la temperatura, ayudando además a la salida de la viruta en los taladros profundos. Los fluidos utilizados suelen ser: petróleo, aguarrás, gasoil, aceite, taladrinas, etc. Estas últimas pueden venir preparadas para su utilización directa en los procesos o concentradas para su emulsión (Figura 1.45).

Figura 1.45. Lubricante refrigerante para el taladrado.

La elección de uno u otro está en función del material a taladrar. Los latones, los bronces y las fundiciones se taladran en seco. En el taladrado de los aceros se utilizan como refrigerante-lubricante taladrinas o aceites emulsionables. En los materiales blandos como el aluminio, se suele utilizar petróleo. En el taladrado de vidrio se utiliza aguarrás, gasoil o petróleo, aunque también se puede utilizar agua, ya que no hay problemas de corrosión.

Para el taladrado en profundidad se utilizan brocas huecas a través de las cuales se hace pasar el líquido de refrigeración-lubricación, el cual facilita la salida de la viruta y produce la refrigeración y la lubricación entre los filos de corte y la pieza.

En taladros profundos, se utiliza también el aire a presión a alta velocidad.

Secuencia a seguir en los procesos de taladrado

En el proceso de taladrado la secuencia a seguir es la siguiente:

- Realizar el trazado de la pieza siguiendo las especificaciones dadas en el croquis o plano.
- Realizar el graneteado de los puntos a taladrar, para facilitar el centrado de la broca (Figura 1.46).

Figura 1.46. Graneteado de la pieza.

- Seleccionar las revoluciones adecuadas de la máquina en función del tamaño de la broca y del material a taladrar.
- Fijar la pieza en la taladradora utilizando las mordazas o los útiles adecuados teniendo en cuenta su forma.
- Montar la broca en el portabrocas.
- Poner la taladradora en funcionamiento, teniendo la precaución de que la broca no esté apoyada sobre la pieza.
- Iniciar el taladrado de la pieza y lubricar adecuadamente todo el proceso de taladrado.
- Si el taladro tiene gran diámetro, se utilizarán diámetros de brocas de forma escalonada hasta llegar al diámetro adecuado.

Medidas de seguridad en los procesos de taladrado

En el proceso de taladrado se debe seguir una serie de normas de seguridad como:

- Hay que protegerse la vista con gafas adecuadas, siendo apropiadas para estos procesos las de metacrilato, ya que permiten una buena visión (Figura 1.47).
- En caso de tener el cabello largo, se deberá recoger, protegiéndose con una gorra, para evitar que pueda engancharse en el husillo y producirse un accidente grave.

- Se deberán quitar los anillos y pulseras, para evitar que se puedan enganchar produciendo accidentes.
- Se protegerán las manos con guantes adecuados, para evitar cortes con la viruta o producidos por la propia broca (Figura 1.47).
- Las piezas pequeñas nunca se deberán sujetar con la mano al efectuarse el taladrado, pueden ser arrastradas por la broca, produciendo cortes y accidentes.

Figura 1.47. Gafas de metacrilato y guantes de cuero.

- Para realizar el cambio de brocas o el desmontaje de estas se comprobará que el portabrocas esté totalmente parado.
- No se deberá tocar la punta de broca al terminar el taladro, ya que estará caliente por efecto del rozamiento y puede producir quemaduras.
- Se deberán aplicar las medidas de seguridad comunes a todas las máquinas eléctricas, en caso de ser de este tipo las taladradoras.

1.3. TIPOS DE REMACHES Y ABRAZADERAS

El remache, conocido también con el nombre de roblón, es un elemento de fijación que se utiliza para realizar la unión de forma permanente de dos piezas.

Existen distintos tipos de remaches cuya utilización está en función de los esfuerzos que van a soportar, de las piezas a unir y del material que las constituyen.

En la actualidad, los remaches más utilizados en los vehículos son los que realizan el remachado por golpeo y los remaches *pop* que efectúan el remachado por tracción.

1.3.1. Remaches (roblones)

El remache está constituido por un cilindro que en uno de sus extremos lleva una cabeza que normalmente es abombada por su parte externa y plana por la parte unida al cuerpo (Figura 1.48). El remachado de este tipo de remache se efectúa golpeando sobre la parte contraria a la cabeza hasta

Figura 1.48. Remache.

conseguir el ensanchamiento del cuerpo y la fijación de las piezas a unir. Cuando los remaches son de gran diámetro se pueden calentar y se remachan con una buterola.

Las buterolas son unas barras que normalmente se fabrican de acero suave. El juego consta de dos partes, una que se utiliza para apoyarla sobre la cabeza (sufrir) evitando que al golpear en la otra pieza de la buterola apoyada sobre el extremo del remache se desplace. Las bocas de las buterolas tienen la misma forma que la cabeza del remache, al final del remachado ambos extremos adquieren la misma forma, quedando las piezas firmemente sujetas entre las cabezas del remache.

1.3.2. Remaches *pop*

El remache *pop* es un componente de fijación cuya función es, al igual que en el caso anterior, unir dos piezas de forma permanente, el remachado se produce por compresión.

Este remache está constituido por un tubo cilíndrico que en su parte inferior tiene una cabeza cuyo diámetro es mayor que el resto del remache para que al introducirlo en el orificio quede encajado (Figura 1.49), a fin de unir dos piezas del mismo o distinto material. En su interior lleva un vástago con cabeza que al tirar de él con la remachadora se produce el remachado.

Este tipo de remaches se fabrican con distintas longitudes y diferentes diámetros, debiéndose seleccionar el adecuado a las piezas a unir.

Las remachadoras pueden ser manuales (Figura 1.50) y neumáticas.

Figura 1.49. Remache *pop.*

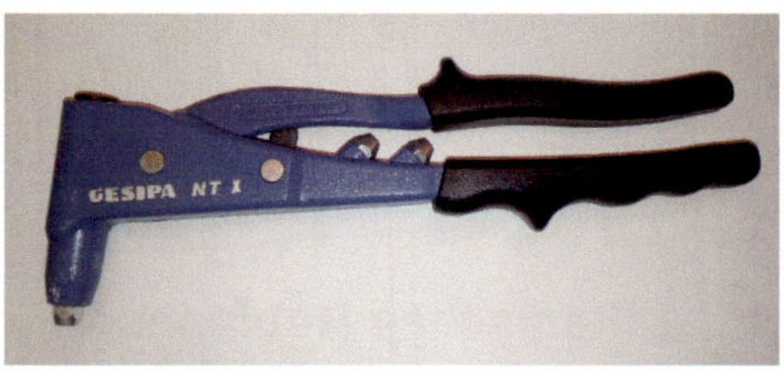

Figura 1.50. Remachadora manual.

Para realizar un buen remachado con remaches *pop*, se debe realizar la siguiente secuencia:

- Efectuar un taladro en las piezas a unir. El diámetro del taladro debe ser al menos una décima de milímetro mayor que el diámetro del remache *pop*, para facilitar su colocación.

- Colocar el vástago del remache *pop* en la máquina de remachado.
- Insertar el remache en el taladro de las piezas a unir.
- Accionar la palanca de la remachadora (Figura 1.50), el cuerpo del remache se expande formando una cabeza secundaria al otro lado del taladro, el vástago se partirá por la parte determinada para ello, efectuándose la unión de las piezas.

1.3.3. Abrazaderas

Existen muchos tipos de abrazaderas, pero en este apartado nos vamos a ocupar fundamentalmente de dos, las abrazaderas de cierre y las de sujeción.

Abrazaderas de cierre

Las abrazaderas de cierre, como su propio nombre indica, se utilizan para evitar que se produzcan escapes o fugas de líquidos en los tubos flexibles que se conectan a los circuitos por los que circulan fluidos que no tienen que soportar grandes presiones.

Existen muchos tipos de abrazaderas de cierre: A continuación, vamos a ver algunas de las más utilizadas:

- **Abrazaderas tipo americano (de tornillo sin fin)**: se utilizan en la industria automotriz, metalurgia, y en todas aquellas conducciones donde es necesarios asegurar que no se van a producir fugas garantizando el cierre (Figura 1.51). Están constituidas por un fleje, que tiene a lo largo de su superficie un dentado donde rosca un tornillo sin fin que realiza el cierre o apertura de la abrazadera al apretarlo. Se fabrican en distintas medidas y normalmente en material inoxidable, son reutilizables.

Figura 1.51. Abrazadera tipo americano.

- **Abrazaderas tipo europeo (de tornillo y tuerca)**: están constituidas por una lámina de chapa de una sola pieza doblada en sus extremos, que están taladrados para permitir el paso de un tornillo con tuerca, que al ser apretado produce el cierre de la abrazadera impidiendo la fuga de fluidos (Figura 1.52). Son

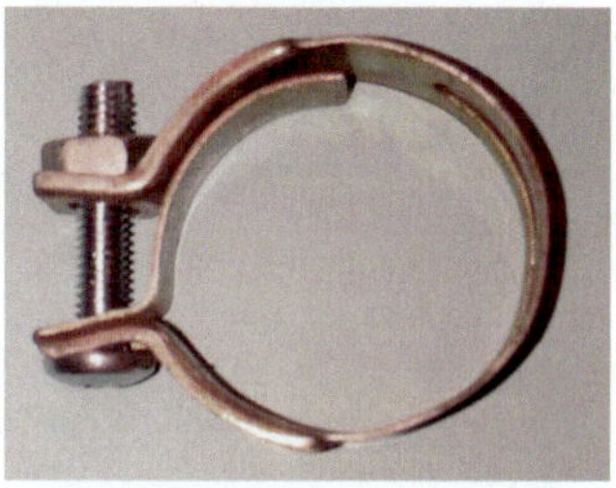

Figura 1.52. Abrazadera tipo europeo.

especialmente indicadas para tubos que no tienen sus paredes muy gruesas y son flexibles, debido a su construcción producen un apriete uniforme en toda su longitud. Se fabrican en distintas medidas de apertura.

- **Abrazaderas de alambre:** al igual que las anteriores se utilizan para evitar el escape de fluidos, son muy utilizadas en automoción. Están constituidas por un alambre que puede ser elástico, produciendo el apriete por elasticidad, en este caso son conocidas como abrazaderas tipo muelle. También pueden formar ojos en sus extremos por donde pasa un tornillo con tuerca que produce el apriete (Figura 1.53).

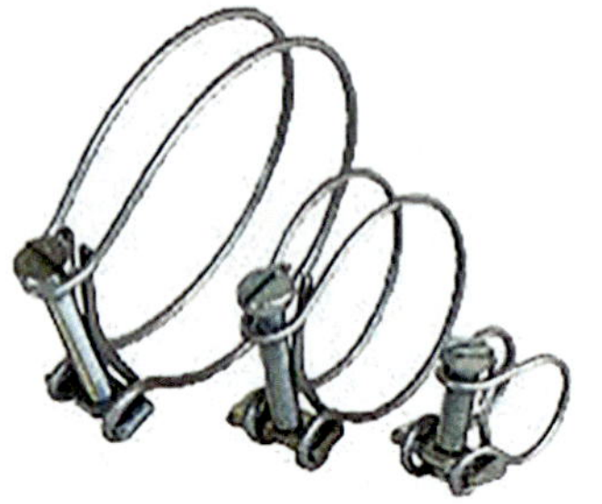

Figura 1.53. Abrazaderas de alambre.

- **Abrazadera para tubo de escape:** está constituida por un arco roscado en ambos extremos que entran en otra pieza de chapa que también tiene forma de arco para abrazar a los tubos de escape. Al efectuar el apriete de ambas tuercas se produce el cierre de la abrazadera evitando la fuga de los gases entre los tubos (Figura 1.54).

Figura 1.54. Abrazadera para tubos de escape.

Abrazaderas de fijación

Las abrazaderas de fijación se utilizan para fijar tubos, instalaciones, conducciones, latiguillos, etc. Pueden ser metálicas o de plástico.

- **Abrazaderas metálicas de fijación:** se fabrican en gran número de formas en función de la aplicación para la que se destinen. En la Figura 1.55 se presentan algunos modelos destinados a la sujeción de tubos. En algunos casos pueden ir recubiertas de una banda de goma para evitar dañar a los elementos que van a sujetar.

Figura 1.55. Abrazaderas metálicas de fijación.

- **Abrazaderas de plástico para fijación:** estas abrazaderas se utilizan para sujetar instalaciones y elementos que no requieren una gran fuerza de fijación. Están constituidas por una tira de plástico que tiene la superficie de una de sus caras dentada, en el otro extremo llevan un alojamiento con un trinquete. Al introducir la punta por el ojo del alojamiento y tirar se produce la fijación del elemento que se encuentra en el interior del bucle que se ha formado (Figura 1.56).

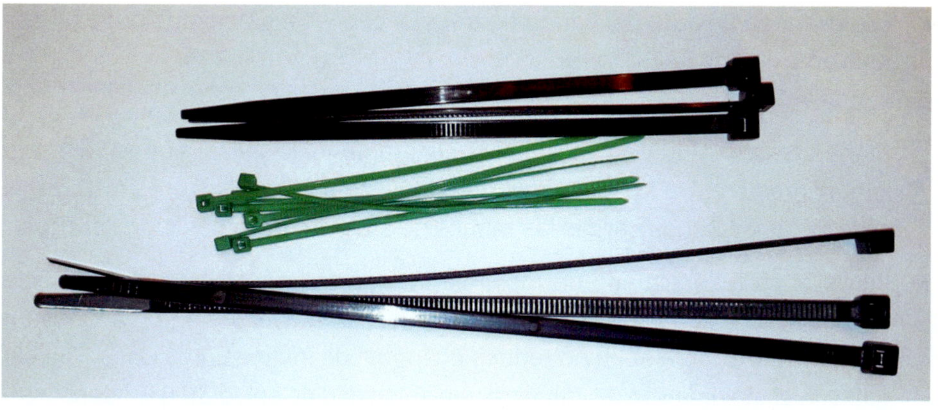

Figura 1.56. Abrazaderas de plástico de distintos tamaños.

1.4. UTILIZACIÓN DE HERRAMIENTAS DE CORTE Y DESBASTE

Las herramientas de corte más utilizadas son: hojas de sierra para corte manual o a máquina, cinceles (cortafríos), buriles, y tijeras para el corte de chapa.

Las principales herramientas utilizadas para el desbaste de las superficies metálicas son las limas.

1.4.1. Utilización de la sierra manual

Antes de proceder a realizar las operaciones de aserrado, se deben tener en cuenta una serie de operaciones previas:

- Elección de la hoja de sierra en función del material a mecanizar.
- Colocación correcta de la hoja de sierra. Se debe tener en cuenta que los dientes de la hoja de sierra estén siempre apuntando hacia la parte delantera de la sierra de corte (tornillo tipo mariposa de apriete), en el sentido de avance. Algunas veces viene indicado con una flecha en la propia hoja de sierra. El apriete debe ser suave, pero asegurándose que la hoja quede tensa, para evitar así que cimbreé y se parta.

- Trazar la pieza por donde se debe realizar el corte.
- Colocación de la pieza a serrar en el tornillo de banco. Es necesario colocar la pieza de forma correcta para proceder al corte de la misma, debe asegurarse que quede perfectamente sujeta con las mordazas del tornillo y que estas no dificulten la entrada de la hoja de sierra en la línea de corte de la pieza (Figura 1.57). Para proteger la pieza de posibles daños de las mordazas, es recomendable trabajar con protectores de chapa o de aluminio.
- Posicionarse delante del banco de trabajo, con los pies describiendo un ángulo aproximado de 40º a 45º.
- Sujetar el mango con la mano derecha, y el arco en la parte opuesta con la mano izquierda (Figura 1.58). Inclinar ligeramente la sierra, a unos 15º aproximadamente entre la hoja de sierra y la pieza a cortar (Figura 1.58). En el caso de las personas zurdas las manos se situarán en la posición contraria.
- Iniciar el corte, aplicando un movimiento de vaivén y desplazando la hoja de sierra hacia la parte delantera o avance, hasta que se haya realizado un pequeño corte. Acto seguido reducir el ángulo de inclinación a unos 5º y seguir con el movimiento de vaivén a una velocidad de entre 30 y 60 desplazamientos por minuto o cadencia.
- Cada metal requiere una velocidad de corte; así, para aceros duros y de fundición se suelen realizar unos 30 desplazamientos por minuto, en los aceros semiduros y suaves unos 40 desplazamientos por minuto y para el aluminio, latón o bronce unos 60 desplazamientos por minuto.

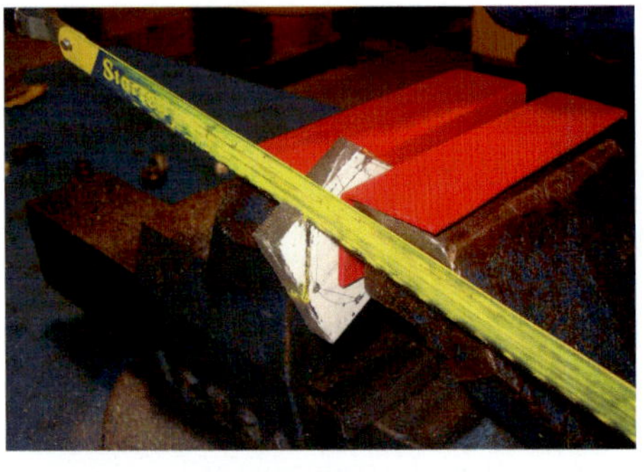

Figura 1.57. Colocación de la pieza en el tornillo de banco.

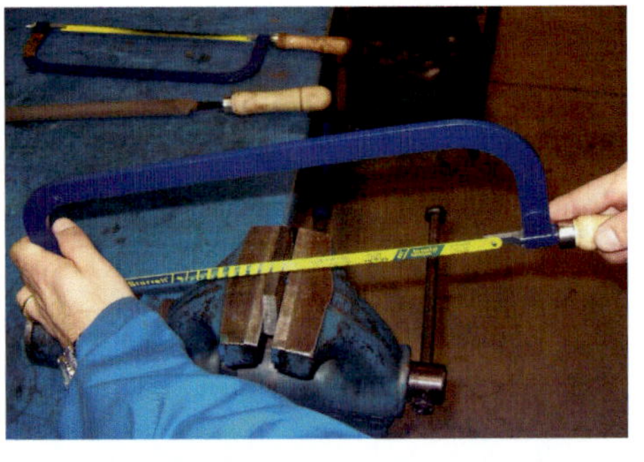

Figura 1.58. Colocación de las manos para realizar el proceso de aserrado.

1.4.2. Utilización del cincel (cortafríos) y del buril

Otras herramientas utilizadas en los procesos de corte son los cinceles (Figura 1.59) y los buriles (Figura 1.60). Estas herramientas están constituidas por unas barras de acero con forma rectangular en su sección, siendo su longitud de 150 mm a 300 mm y su grosor de 18 mm a 31 mm, y están terminadas en punta afilada. Las partes de que consta el cincel y el buril son cuatro: cabeza, cuerpo, punta y filo.

El cincelado y el burilado tienen por objeto el corte, los cajeados, la realización de chaveteros o la eliminación de material sobrante, por medio de la aplicación de golpes en la herramienta con un martillo. El material arrancado o esquirlas son virutas gruesas que, al eliminarlas, desbastan la pieza. Algunas veces se deja la pieza a una medida aproximada, con el fin de mecanizarla totalmente después, mediante el proceso de limado.

La principal diferencia entre ambos es que el cincel tiene el filo en el mismo sentido que el eje más ancho del cuerpo y en el buril es transversal al eje. Se fabrican de acero forjado al cromo vanadio y tratado en alta dureza.

Figura 1.59. Cincel.

Figura 1.60. Buril.

El **proceso de trabajo con el cincel y el buril** que se debe seguir es el siguiente:

- Para cincelar o burilar, se debe coger el cincel o el buril con la mano izquierda por el cuerpo y en la mano derecha el martillo (en caso de personas zurdas se cambia la posición de las manos), colocar la posición correcta de la herramienta en función del material y del trabajo a realizar y golpear con el martillo.
- Para trabajos de materiales blandos, se coloca la herramienta inclinada sobre la pieza a cincelar y el filo con un ángulo de incidencia de aproximadamente 8º y se golpea con el martillo sobre la cabeza, atacando el material de forma progresiva y con un arranque de viruta de entre 2 mm y 4 mm de espesor (Figura 1.61).

Figura 1.61. Posición de la herramienta.

- Para trabajos de materiales duros, se coloca la posición de la herramienta con un ángulo más cerrado que en el caso anterior, hasta que el filo describa un ángulo de incidencia de unos 5º aproximadamente. En este proceso el arranque de viruta será de entre 1 mm y 2 mm de espesor.

- Es necesario que se cumplan las medidas de seguridad en este tipo de procesos, destinando una zona para realizar los trabajos de cincelados, en la que los operarios deben ir provistos de ropa específica de trabajo, gafas de protección y guantes.

1.4.3. Utilización de las tijeras de cortar chapa

Estas tijeras se emplean para el corte de chapas de un espesor de 1 mm. Están formadas por dos palancas (Figura 1.62), con un borde achaflanado que constituye el filo y que giran sobre un punto fijo, pudiendo ser este un remache o un tornillo, aunque normalmente se montan con tornillo para facilitar el desmontaje en el proceso de afilado.

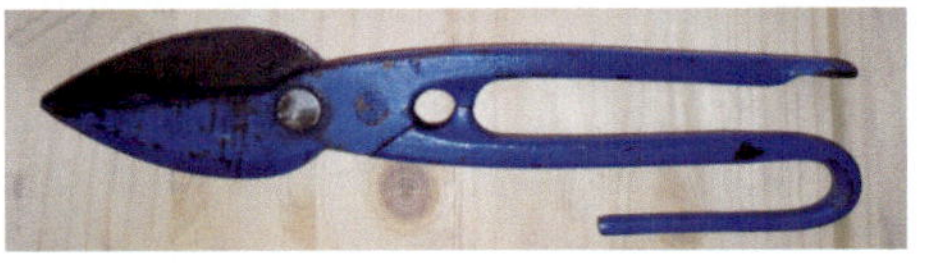

Figura 1.62. Tijeras de cortar chapa.

Los filos de corte se fabrican de acero forjado al cromo vanadio y las palancas del mismo material o de un material de una aleación inferior. Para proceder al corte con estas tijeras, se deben abarcar pequeñas porciones de chapa, procurando no introducirlas demasiado en el material a cortar, facilitando de esta forma el trabajo.

Las tijeras de cortar chapa se fabrican para corte recto (Figura 1.62) de corte a derechas y para corte a izquierdas.

Una variante de este tipo de tijeras son las tijeras de cortar chapas con multiplicador denominadas cizallas de mano, su uso es el mismo que el de las tijeras convencionales, pero permiten efectuar el corte de chapas de hasta 1,8 mm.

El **proceso de corte con tijeras de chapa** que se debe seguir es el siguiente:

- Seleccionar los medios y materiales necesarios.
- Realizar el trazado de la pieza a cortar.
- Utilizar los medios de protección personal (guantes adecuados para evitar cortes).
- Realizar el corte de la pieza con las tijeras (Figura 1.63).
- Verificar que la pieza cortada cumple las especificaciones establecidas.

Figura 1.63. Corte de chapa con tijera.

1.4.4. Utilización de las herramientas de desbaste

Las principales herramientas utilizadas para el desbaste son las limas. Se debe tener en cuenta las características del material, en el que se va a iniciar el proceso de desbaste, observando su forma, estructura y composición, deduciendo de esta observación si se trata de un material duro o blando, con forma plana o cilíndrica para después elegir el tipo de lima adecuado.

La elección del tipo de lima es muy importante en el proceso de limado, ya que dependiendo del tipo de lima seleccionado, se podrán trabajar con más o menos detalle las diferentes superficies de las distintas piezas. El tamaño de las limas debe ser proporcional a las dimensiones de las piezas que se vayan a limar, teniendo en cuenta de que la longitud de la lima debe ser siempre superior al ancho de las piezas.

El **proceso de limado** que se debe seguir es el siguiente:

- La pieza que va a ser limada se debe sujetar firmemente con las mordazas del tornillo de banco, y debe tenerse en cuenta que la superficie de la pieza a limar debe ser lo más próxima posible a las mordazas, tanto en altura como en longitud, ya sea la colocación de la pieza en horizontal o vertical, teniendo la precaución de no dañar las mordazas al limar, de esta forma se conseguirá evitar las vibraciones de la pieza.
- A continuación se adoptará la posición correcta del cuerpo. Para proceder al limado sin fatigarse excesivamente hay que colocarse de frente al tornillo de banco, ligeramente posicionados a la izquierda, con los pies formando un ángulo de entre 40° a 45° aproximadamente.
- Después, con la mano derecha se coge el mango de la lima y se coloca encima de la superficie de la pieza; a continuación, se coge la lima con la mano izquierda por la punta, ejerciendo la misma presión en ambas manos, hasta conseguir el equilibrio de la lima sobre la pieza (Figura 1.64). Una vez conseguido esto, se desplaza

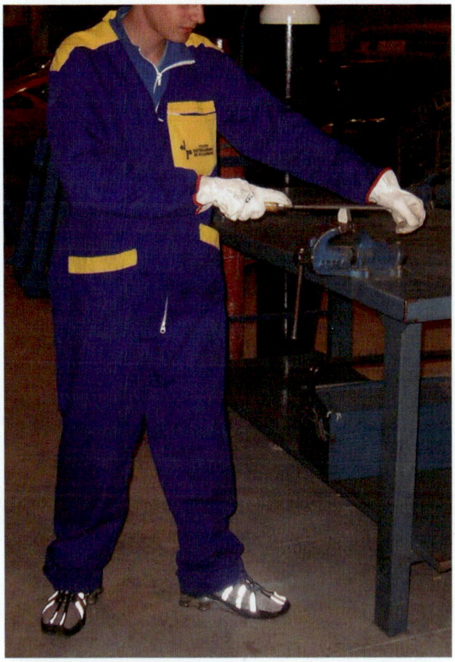

Figura 1.64. Posición de los pies y de las manos para coger la lima.

la mano derecha con movimientos de vaivén, aprovechando al máximo la longitud de la lima; esta mano nos servirá de guía de la herramienta, y la mano izquierda de equilibradora del movimiento. En el caso de los operarios zurdos, la posición de las manos al agarrar la lima se invierte.

- Se debe ejercer la presión justa en función del tipo de limado; por ejemplo, para un desbastado, la presión será mayor y para un acabado con precisión, el empuje será menor, debiendo evitarse en cualquier caso el balanceo, para que no se produzcan en las piezas formas convexas, ni el redondeo de las aristas.
- Durante el proceso de limado hay que comprobar la evolución del mismo, verificando las dimensiones y formas geométricas de la pieza.
- Habrá que seguir limando hasta conseguir la planitud, la escuadra, el paralelismo, las formas y las dimensiones estipuladas.

1.5. MATERIALES A MECANIZAR Y SUS PROPIEDADES

Los materiales que se utilizan en los vehículos y que se pueden mecanizar se podría decir que son todos, pero en este apartado haremos mención especial a los metales tanto férreos como no férreos y cuya obtención y composición se estudian con mayor profundidad en los Apartados 1.6, 1.7 y 1.8.

1.5.1. Propiedades de los metales

Las principales características de los metales vienen definidas por las propiedades que cumplen cada uno de ellos y que se muestran en la Tabla 1.4.

Tabla 1.4. Propiedades de los metales

Propiedad	Definición
Tenacidad	Resistencia que oponen los metales a romperse o deformarse al aplicarle un esfuerzo progresivo de tracción, comprensión, flexión, torsión o cizallado.
Dureza	Propiedad que tienen los metales para resistirse a la penetración de un cuerpo, midiéndose esta con métodos comparativos.
Resilencia	Propiedad que tienen los metales para resistir los choques o esfuerzos bruscos.
Conductividad	Propiedad que tienen ciertos cuerpos para transmitir más o menos fácilmente el calor o la corriente eléctrica.
Fusibilidad	Propiedad que caracteriza a ciertos materiales de pasar más o menos rápidamente del estado sólido al estado líquido por efecto del calor.

Propiedad	Definición
Alargamiento	Es la deformación de estiramiento que puede producirse en el metal cuando el esfuerzo de tracción que lo modifica aumenta y sobrepasa la «carga de límite elástico».
Dilatabilidad	Propiedad que tienen los cuerpos de aumentar su volumen en proporción más o menos elevada por efecto del calor.
Maleabilidad	Propiedad que tiene un metal para dejarse reducir en láminas finas, dobladas o deformadas por presión en caliente o en frío.
Ductilidad	Propiedad de los metales que mecánicamente se pueden extender en hilos o alambres, mediante un esfuerzo de tracción sin romperse.
Elasticidad	Propiedad de los materiales de deformarse por acción de una fuerza y de recuperar su forma inicial cuando deja de actuar dicha fuerza.

1.6. MATERIALES METÁLICOS UTILIZADOS EN LOS VEHÍCULOS

Los metales o materiales metálicos se dividen en dos grupos: los metales férreos y los no férreos.

A continuación, se van a presentar los materiales férreos y aceros más utilizados en los vehículos; para conocer los materiales no férreos se deberá ver el Apartado 1.8.

1.6.1. Metales férreos

Estos materiales férreos o férricos son derivados del hierro, también denominados productos siderúrgicos férricos. A continuación, se exponen estos tipos de metales.

■ Hierro

El hierro puro (Figura 1.65) tiene una gran densidad relativa cuyo valor es de 7,87 g/cm^3, poca dureza y su dilatabilidad es alta. Es un material blando, maleable y dúctil. Se presenta con un color blanquecino rojizo, cuanto mayor es el contacto con el oxígeno mayor es el color rojizo.

Es fácilmente magnetizable en frío y muy difícil de magnetizar en caliente, a 800 ºC desaparece la magnetización.

Figura 1.65. Mineral de hierro puro.

Posee una conductividad eléctrica baja y se oxida muy fácilmente. Tiene su punto de fusión a 1500 °C y el de ebullición a 2700 °C.

El hierro se obtiene principalmente de los siguientes minerales: ferrita, hematites, goetita, magnetita, siderita, limonita y pirita, este último se utiliza menos porque lleva en su composición azufre y es muy difícil su separación. Este metal presenta varias formas alotrópicas diferentes. La **alotropía** es la propiedad que tienen algunos elementos químicos para adoptar disposiciones internas diferentes de sus átomos para la formación de sus estructuras por diferencias de temperatura, estas son: hierro líquido (1500 °C), hierro delta (1400 °C), hierro gamma (900 °C) y hierro alfa (700 °C).

Este metal tiene pocas aplicaciones en el mundo de la automoción, tan solo para los núcleos magnéticos de los elementos eléctricos como relés o válvulas electromagnéticas y ejes o varillas de accionamiento, pero para conseguir estos últimos hay que efectuar tratamientos de forja o colado.

■ Aceros

Al introducir en el hierro dulce, obtenido de las fases de fusión en los altos hornos y convertidores, con una determinada cantidad o porcentaje de carbono se obtendrán diferentes tipos de aceros. Los átomos de carbono se intercalan en la estructura del hierro, formando el acero de contenido bajo, medio y alto en carbono. Estos tipos de aceros resultantes son mucho más duros, tenaces, con mayor resistencia a la tracción y compresión que el hierro.

- **Acero de bajo contenido en carbono:** los aceros con un contenido de 0,1 % a 0,3 % en carbono se denominan como aceros bajos en carbono.

  Es menos dúctil, porque el carbono al intercalarse entre los átomos del hierro, reduce el desplazamiento entre las capas de los átomos en el plano de deslizamiento. Al calentar este tipo de acero los átomos de carbono se separan de los del hierro, aumentando de volumen y son fácilmente moldeables. Al enfriarlo, los átomos del hierro y del carbono se contraen y se produce una fuerte unión, llegando incluso a formar una unión permanente y difícilmente modifi-

Figura 1.66. Tuercas y tornillos de acero de bajo contenido de carbono.

cable. El acero de bajo contenido en carbono se corroe con la oxidación, es de color gris y su temperatura de fusión es de 1600 °C. Los elementos fabricados con este tipo de acero más utilizados en automoción son: tuercas, tornillos, pernos, arandelas, chapas de carrocerías, soportes de baterías, recipientes de aceite, etc. (Figura 1.66).

- **Acero de contenido medio en carbono:** los aceros de 0,3 % a 0,7 % en carbono, se denominan como aceros de contenido medio en carbono.

  Este tipo de aceros son mucho más duros y menos dúctiles que los aceros bajos en carbono. Son muy tenaces y tienen una resistencia a la tracción muy grande, su color es gris oscuro.

  Los aceros con contenido en carbono a partir de 0,3 % se pueden endurecer por medio de tratamientos térmicos, consiguiéndose de esta forma aceros específicos para la fabricación de elementos que deben resistir el desgaste como: vástagos de destornilladores, ruedas de engranajes, bielas de motor, mordazas de presión, mangos de tijeras y alicates, etc. (Figura 1.67).

Figura 1.67. Engranajes de acero de contenido medio en carbono.

- **Acero de alto contenido en carbono:** los aceros con un contenido de 0,7 % a 1,3 % en carbono se denominan como aceros de alto contenido en carbono.

  Estos aceros son muy duros y frágiles. La máxima dureza se consigue con tratamientos términos para porcentajes de carbono de 0,7 % a 0,8 % y a partir de 1 % se crean aceros muy frágiles.

  Se utilizan principalmente para la fabricación de herramientas cortantes y productos que deben resistir un gran desgaste. Se utilizan también para la fabricación de bocas de alicates, hojas de sierra, cortafríos y buriles, brocas, muelles o resortes, cuchillas de cizallas, etcétera.

- **Acero inoxidable:** para conseguir el acero inoxidable se realiza una aleación de hierro y cromo, en diferentes proporciones de cromo que van desde 12 % a 26 %. Cuanto mayor es el porcentaje de cromo mayor será la película creada para evitar la oxidación del acero y mayor el grado de protección. También se les añade níquel en su aleación para conseguir un acero inoxidable más resistente.

  Es un metal con un color brillante, característica que adquiere por el color del cromo. Es duro y resiste a la tracción y compresión, y mantiene estas características incluso a temperaturas extremas.

También se puede conseguir con hierro, cromo, níquel y otros elementos de aleación que los mantienen más protegidos de la oxidación e incluso de los ácidos y corrosivos.

Se utiliza principalmente para la fabricación de tubos de escape, fuselajes de aviones, maquinaria de obras públicas y ferrocarriles, tuberías y conductos de líquido refrigerante, engrasadores, etcétera.

Existen además otras aleaciones del acero en las que se le añaden productos químicos para mejorar sus características, como su resistencia al desgaste y la corrosión, su elasticidad, su dureza, etc. Los materiales más usuales utilizados en las aleaciones son: antimonio, molibdeno, cobalto, cromo, silicio, vanadio, etcétera.

■ Fundición gris

Este tipo de hierro de fundición se produce mediante una aleación de hierro al 95 %, carbono al 3 %, silicio al 1 % y el 1 % restante es la suma de magnesio, fósforo y azufre.

Es un metal con una gran resistencia a la compresión, aunque la resistencia a la tracción es baja, se rompe con facilidad ya que tiene una resistencia muy baja al choque. Es muy frágil, aunque se presenta con una capa exterior muy dura por el proceso de enfriamiento, pero esta capa es muy fina. Su ductilidad y maleabilidad son muy reducidas, disminuyendo al aumentar el contenido en carbono. Tiene una gran resistencia a la corrosión.

Se adapta a casi cualquier tipo de molde al ser fundido y encontrarse en estado líquido, de aquí deriva su nombre de fundición colado. Tiene un color gris y su temperatura de fusión oscila entre 1400 °C y 1500 °C.

Se emplea para la fabricación de bloques (Figura 1.68), culatas, bastidores, tornillos de banco, soportes de taladros, etcétera.

También existen las **fundiciones blancas,** en las que se presenta el carbono en forma de carburo de hierro, lo que le da a la fundición una mayor dureza y una elevada fragilidad. Este tipo de fundiciones tienen un color blanco grisáceo brillante.

Figura 1.68. Bloque de fundición.

■ Aceros de alta resistencia (ALE)

Los aceros de alto límite elástico (aceros ALE), se desarrollaron dentro de la segunda mitad del siglo XX, recibiendo un gran impulso a partir de los años setenta debido a la crisis energética que afectó profundamente al sector de los vehículos.

Los aceros de alto límite elástico (ALE) son aceros de alta resistencia, denominados también como HSLA por las iniciales de su denominación anglosajona *High Strenght Low Alloy* y ultra alta resistencia UHSLA. Estos aceros permiten obtener importantes reducciones de peso en la fabricación de las piezas de la carrocería (Figura 1.69).

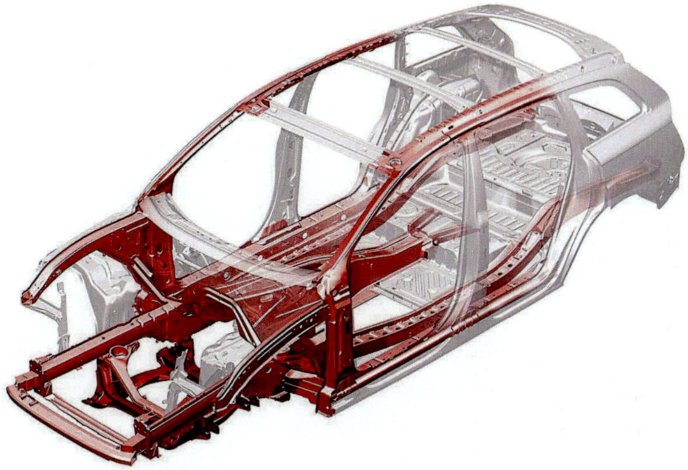

Figura 1.69. Estructura de una carrocería. Las zonas en rojo son de acero de alto límite elástico.

Los aceros tradicionales tienen un límite de ruptura de 210 MPa. Los aceros de alta resistencia pueden llegar hasta los 800 MPa, a partir de esta cantidad se consideran aceros de ultra alta resistencia, entre ellos se encontrarían los aceros al boro (aceros Boron).

El pascal es la unidad de presión del Sistema Internacional de Unidades, su símbolo es Pa. El megapascal (símbolo MPa) es un múltiplo y tiene 1 000 000 de pascales. El MPa equivale a un newton por milímetro cuadrado (1 MPa = 1 N/mm^2).

■ Aceros especiales

En este apartado estarían encuadrados los aceros de ultra alta resistencia (UHSLA), con un límite elástico aproximadamente de 500 MPa (N/mm^2) y un límite de rotura superior a los 800 MPa. Suelen ser aceros de doble fase con alta resistencia al choque.

Estos aceros tienen gran aplicación en la fabricación de vehículos, ya que proporcionan una gran protección de los ocupantes con un peso relativamente pequeño.

Por su aplicación y uso se podrían destacar los aceros al boro. Los **aceros al boro** son aceros de doble fase, de tipo martensíticos, a los que se les ha añadido un 0,001 % de boro y pequeños porcentajes de cromo y manganeso. Estos materiales son muy utilizados, ya que pueden llegar a reducir hasta en un 50 % su peso, con respecto al acero convencional, ofreciendo alta resistencia a la tracción, gran tenacidad ante el choque y excelentes condiciones antifatiga por envejecimiento del material.

Se utilizan para la fabricación de elementos antiintrusión en las carrocerías, como arcos de seguridad, travesaños, refuerzos de puertas, montantes, refuerzos de vanos, etcétera.

Otro de los usos a los que se les destina es a la fabricación de equipos y aperos de maquinaria agrícola, de movimiento de tierras e industrias extractivas. Estos aceros, al sufrir deformaciones importantes, no se les repara, sino que las piezas se sustituyen por otras nuevas.

1.7. CLASIFICACIÓN Y NORMALIZACIÓN DEL HIERRO Y DEL ACERO

El hierro y el acero los hemos visto en el apartado anterior al conocer los materiales férreos más utilizados en los vehículos, a continuación se estudiará la clasificación y normalización de los mismos.

1.7.1. Clasificación del hierro

El hierro es un metal que en estado puro (se considera este estado cuando en su composición tiene menos del 0,008 % de carbono), al someterlo a calentamiento desde la temperatura ambiente hasta la de fusión, presenta distintos estados alotrópicos. La clasificación de los estados alotrópicos es la siguiente:

- **Hierro alfa (α):** es la forma alotrópica que presenta el hierro puro hasta los 911 °C, es conocida también como ferrita y cristaliza en el sistema cúbico centrado (Figura 1.70). Es magnético hasta aproximadamente los 770 °C, a partir de esa temperatura hasta los 911 °C deja de ser magnético, y sus cristales aumentan de tamaño conservando su estructura cúbica centrada. Al hierro con este tipo de estructura se le conoce como hierro beta (β).
- **Hierro gamma (γ):** este hierro es conocido también como austenita y es la forma que presenta el hierro puro entre los 911 °C y los 1400 °C, no es magnético y cristaliza en sistema cúbico centrado en las caras (Figura 1.70).

- **Hierro delta (δ)**: es como el hierro alfa, con un sistema de cristalización de mayor tamaño, siendo la forma alotrópica que presenta el hierro entre los 1400 °C y los 1539 °C, temperatura a partir de la cual el hierro se encuentra en estado líquido. El sistema de cristalización es el cúbico centrado en el cuerpo, igual que el hierro alfa (Figura 1.70).

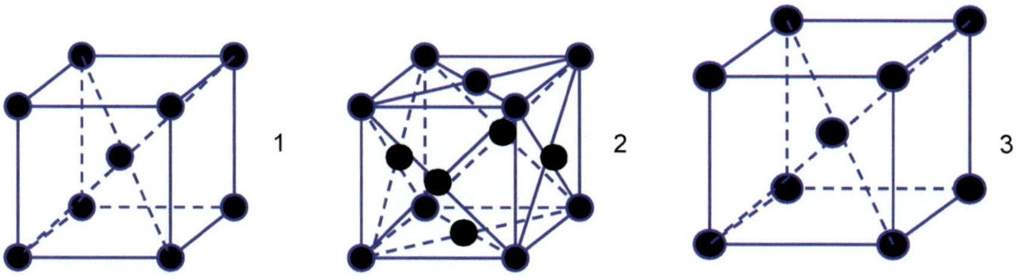

Figura 1.70. Estados alotrópicos del hierro puro: 1) hierro alfa; 2) hierro gamma; 3) hierro delta.

Diagrama del hierro-carbono

El diagrama de fases es un esquema de las transformaciones que experimentan las aleaciones de hierro-carbono, por efecto de la temperatura y la composición de los elementos a los que da lugar.

El hierro se funde a los 1539 °C, por encima de esa temperatura se encuentra en estado líquido, en el diagrama (Figura 1.71) está representado por la línea 1, 2, 3. Esta línea es una curva, ya que la temperatura necesaria para que se funda el hierro está en función del porcentaje de carbono que contenga.

Cuando la temperatura desciende muy lentamente y de forma homogénea, el metal comienza a enfriarse, lo que empieza a producir su solidificación, dando lugar a metal en estado líquido pastoso, que en la zona comprendida por 1, 2, 4, con porcentaje de carbono de hasta el 4,3 %, forma austenita, y en la zona delimitada por 2, 3, 5, con porcentajes de carbono superior al 4,3 % forma cementita.

La solidificación del metal se produce en la línea de sólidos, que en el diagrama está representada por la línea 1, 4, 2, 5.

Por debajo de la temperatura delimitada por la línea y con porcentajes de carbono comprendidos entre 0 y 1,76 en la zona delimitada por 1, 4, 7, 6, se produce austenita por efecto del enfriamiento. En el tramo de temperatura comprendido entre los 911 °C y los 723 °C por debajo de la línea 6, 7, y delimitada por el punto 7, conocido como eutectoide, se forma ferrita y austenita, si continúa descendiendo la temperatura y para porcentajes de carbono inferiores a 0,89 se forma ferrita y perlita.

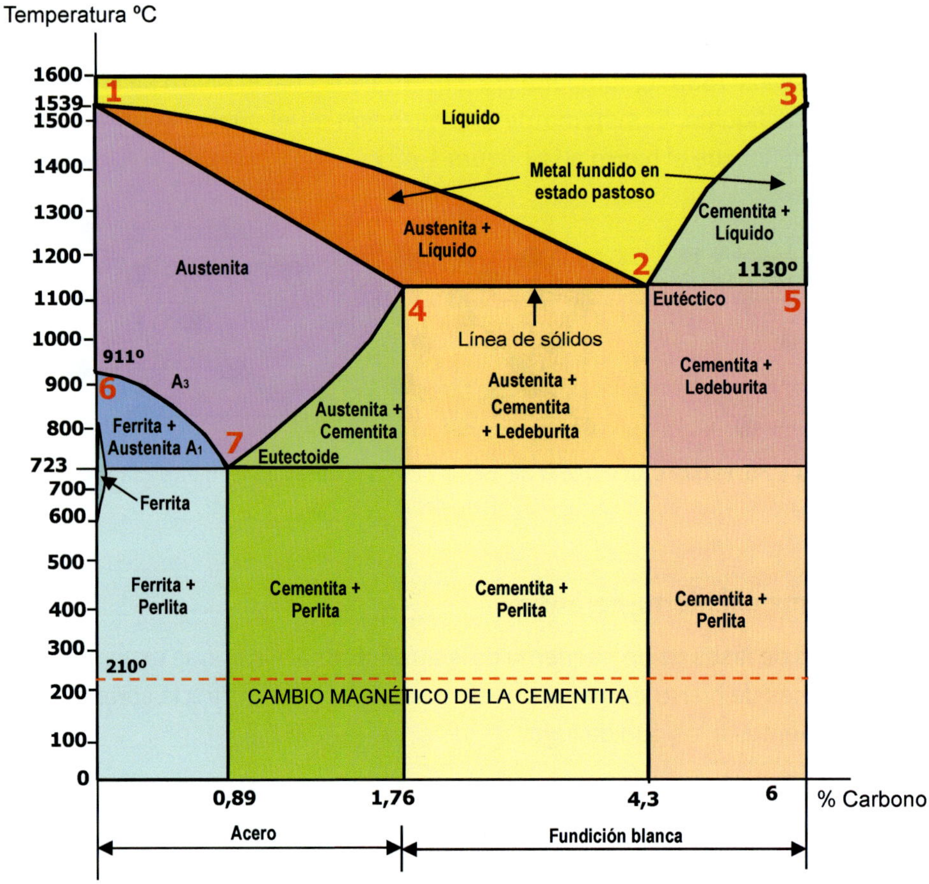

Figura 1.71. Diagrama hierro-carbono.

Al descender la temperatura hasta los 723 °C en la zona delimitada por 7, 4, y con porcentajes de carbono comprendidos entre 0,89 % y 1,76 %, se forma austenita y cementita, por debajo de los 723 °C se forma cementita y perlita.

En la zona delimitada por la línea 4, 2, para porcentajes de carbono comprendidos entre el 1,76 % y el 4,3 %, al descender la temperatura hasta los 723 °C, se forma austenita, cementita y ledeburita, al seguir descendiendo por debajo de la temperatura mencionada, se produce una nueva transformación, formándose cementita y perlita.

A partir del punto eutéctico 2, con porcentajes de carbono superiores al 4,3 % y entre los 1130 °C y los 723 °C, se forma cementita y ledeburita. En temperaturas inferiores a los 723 °C se forma cementita y perlita. Las fundiciones con alto contenido en carbono no tienen prácticamente aplicación en el sector de vehículos.

1.7.2. Normalización de la chapa de acero

La normalización consiste en el recocido de la chapa a una temperatura de 920 °C después del laminado, lo que da en el acero un grano pequeño y con buena tenacidad.

- **Normalizado por laminación:** es un proceso que proporciona a las chapas las propiedades prescritas por la normativa.
- **Procesado termomecánico:** tiene la misión de mejorar la calidad y aumentar la resistencia de la chapa de acero, disminuyendo el tamaño del grano, lo que se consigue mediante un control de gran precisión de la temperatura y la deformación en los procesos de calentamiento y de enfriamiento.

Proceso de laminación

Los lingotes de acero que salen de los altos hornos con gran tamaño y peso hay que laminarlos para obtener distintos perfiles que tengan aplicación en la industria.

La laminación del acero tiene por objeto deformar los lingotes de acero que salen de la fundición para obtener un espesor menor. Se efectúa haciéndoles pasar entre dos cilindros que se encuentran en la misma vertical y que giran en sentido contrario.

Existen dos tipos de laminado: en caliente y en frío.

Laminación en caliente

Es un proceso que se realiza a temperaturas comprendidas entre los 911 °C y los 1130 °C, siendo muy importante mantener la temperatura adecuada al material a laminar para evitar que se produzca su endurecimiento al someterlo a grandes presiones durante la deformación por laminación (Figura 1.72).

Si la temperatura de calentamiento es alta origina un crecimiento excesivo del grano en el metal, por variaciones en su estructura, lo que produce un defecto llamado «quemado del acero», que da lugar a grietas en el metal.

Figura 1.72. Laminación en caliente.

Si la temperatura de calentamiento es baja, la plasticidad es insuficiente, y como consecuencia se debe realizar un mayor esfuerzo de compresión en la laminación, debido al aumento de la resistencia del material a la deformación, originándose grietas en el material que no se pueden eliminar al ser estructurales.

Los aceros sometidos al proceso de laminación en caliente adquieren el tratamiento del temple si se les deja enfriar controladamente. Al mismo tiempo, el esfuerzo de compresión elimina cristalizaciones heterogéneas en la estructura, lo que mejora las características del material

Los aceros laminados en caliente dan lugar a cuatro calidades: aceros de embutición normal, aceros de embutición profunda, aceros de embutición profunda resistente al envejecimiento y aceros de embutición extraprofunda. Estos aceros tienen unas excelentes calidades para soportar deformaciones en frío durante los procesos de conformado por embutición.

Laminación en frío de la chapa

Para la obtención de chapas de espesores inferiores a 1,5 mm, se realiza la laminación en frío, mediante trenes continuos de laminación de bandas.

Los trenes de laminación parten de chapas con espesores comprendidos entre 1,25 mm y 5 mm pudiendo llegar a obtener espesores de 0,20 mm, dependiendo de las características del tren de laminación.

La forma de obtención es similar a la descrita para la laminación en caliente, sin la aplicación de calor en el desarrollo del proceso, lo que genera acritud en las chapas al deformarse por efecto de la presión, por lo que hay que someterlo a tratamientos posteriores como el recocido.

Para disminuir el rozamiento entre la chapa y los rodillos, durante el proceso de deformación del material en frío, se lubrica mediante pulverización de aceite de palma o emulsión de aceite mineral.

Los aceros obtenidos por laminación en frío dan los siguientes acabados: aceros de acabado superficial normal y acabado superficial semibrillante.

- **Chapas de acero de acabado superficial normal:** este tipo de chapas suelen tener ligeros defectos en el acabado de su superficie, que son admisibles si se encuentran dentro de determinados valores. Entre estos defectos podríamos citar ligeras marcas, pequeñas rayas o decoloraciones que no deben influir en el acabado superficial de la carrocería.
- **Chapas de acero de acabado superficial semibrillante:** estas chapas tienen dos caras distintas, teniendo en cuenta su acabado superficial. Una de ellas será similar a los acabados superficiales normales, descrito en el apartado

anterior. La otra no deberá tener ningún tipo de defecto, teniendo un acabado uniforme en toda su superficie. Sobre esta cara se consiguen acabados de alta calidad en la carrocería de los vehículos, una vez aplicados los procesos de embellecimiento (Figura 1.73).

Figura 1.73. Carrocería de un vehículo con chapa de acabado de alta calidad.

1.8. CLASIFICACIÓN DE LOS METALES NO FÉRREOS, ALEACIONES LIGERAS

Los metales y aleaciones no férricos son derivados del resto de los metales que no contienen hierro, también se les denomina productos metalúrgicos no férricos. A continuación se describen algunos de los más utilizados en la fabricación de productos para automoción.

1.8.1. El cobre

Es un metal de los primeros empleados por el hombre por su gran abundancia, su símbolo es Cu y se obtiene principalmente de los sulfuros de cobre, óxidos y carbonatos.

Es de color rojo oscuro, su peso específico es de 8,96 kg/dm^3 y su temperatura de fusión es de 1083 °C.

Para la obtención del cobre se emplean procedimientos semejantes a los de la producción del acero. Se parte del cobre líquido al que se le inyecta aire en el convertidor, transformándose el sulfuro de cobre (Cu_2S) en cobre más oxígeno ($Cu_2 + O$) y finalmente al separar el cobre y el oxígeno, se crea el cobre.

Esta elaboración continúa con el afinamiento del cobre, primero mediante un proceso térmico eliminando impurezas y consiguiéndose el cobre casi puro, y a continuación el afinamiento electrolítico, por medio de electrolisis, consiguiéndose el cobre puro.

Es fácilmente atacado por la corrosión y los ácidos, formando en la superficie una película de color verdoso que lo protege. Hay que tener especial cuidado en la manipulación de esta capa, ya que en ella se produce la formación de sales venenosas.

Es muy buen conductor de la electricidad y del calor, no puede ser magnetizado, propiedades que destacan en la fabricación de elementos eléctricos en automoción como: bobinados de inductores (Figura 1.74) e inducidos en motores eléctricos, generadores, hilos de los cables conductores, puntas de los soldadores de estaño, radiadores del circuito de refrigeración, etcétera.

Figura 1.74. Cobre para el bobinado de un estator.

1.8.2. El zinc

Es un elemento metálico cuyo símbolo es Zn, se encuentra en la naturaleza en forma de sulfuro de zinc (SZn) y es de color blanco grisáceo azulado (Figura 1.75). Se obtiene del mineral llamado **blenda** mediante el sistema de fusión y reducción o por procedimientos de electrolisis.

Es un metal que tiene un peso específico de 7,13 kg/dm^3 y una temperatura de fusión de 419 °C.

Es muy resistente a la corrosión, formando una capa de color gris en el exterior, que protege al resto del material de la oxidación. Se emplea principalmente para la protección de las superficies de vehículos en carrocería (Figura 1.76), este proceso se realiza mediante el zincado y posterior fosfatado de la misma.

También se utiliza como fluido soldador para la fabricación de fotoconductores y otros componentes electrónicos usados en los vehículos. Se emplea para los recubrimientos de pantallas fluorescentes en los cuadros de mando y mediante la obtención por moldeo se fabrican manecillas de puertas y embellecedores.

En la fabricación de los depósitos metálicos se emplea un baño de zinc para recubrir su interior y evitar así la oxidación.

Figura 1.75. Sulfuro de zinc.

Figura 1.76. Baño de fosfatado por inmersión después de tener la chapa zincada.

1.8.3. El estaño

Su símbolo químico es Sn y se encuentra en la naturaleza para su extracción como bióxido de estaño (SnO_2) (casiterita).

Para conseguir el estaño se realiza un proceso reducción, semejante al de la obtención del hierro, al pasar el oxígeno del bióxido de estaño y reaccionar con el carbono, forma el dióxido de carbono.

$$SnO_2 + 2C \rightarrow Sn + 2CO$$

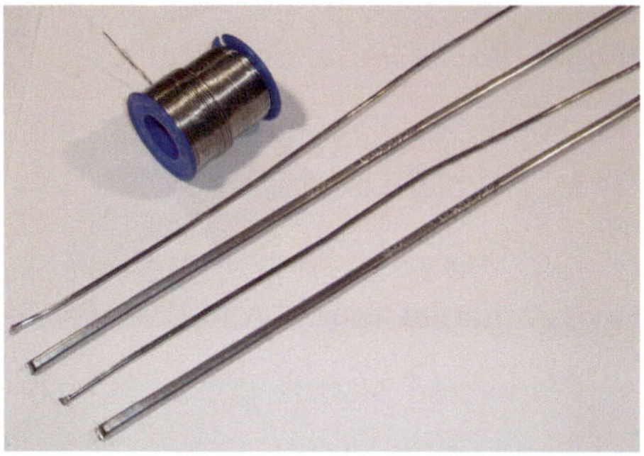

Figura 1.77. Estaño en forma de hilo en rollo para la soldadura de conexiones eléctricas y en barra para soldar superficies en carrocerías.

El estaño (Figura 1.77) tiene un color plateado blanquecino a una temperatura de más de 18 °C y cuando baja de esta temperatura adquiere un color grisáceo.

Su peso específico es de 5,75 kg/dm^3, pero varía en función de la temperatura. Es muy maleable y al calentarlo se adapta a cualquier superficie al pasar al estado líquido. Se emplea principalmente para la obtención de bronces, elementos antifricción resistentes al desgaste y aleaciones para soldar o bien uniones de circuitos eléctricos (Figura 1.78) o estañado de superficies reparadas en carrocería (Figura 1.79).

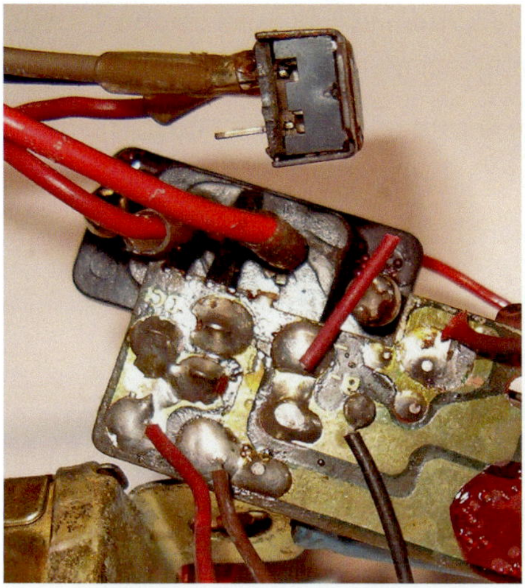

Figura 1.78. Soldadura de circuitos con estaño y soldador eléctrico.

Figura 1.79. Estañado de superficies en carrocerías con estaño y soplete.

1.8.4. El latón

Es una aleación de cobre y zinc, es dúctil y maleable y dependiendo del porcentaje de cobre adquiere mayor o menor dureza variando su color:

- Proporción baja de cobre, el color es gris claro amarillento.
- Proporción media de cobre, el color es amarillo anaranjado.
- Proporción alta de cobre, el color es rojo amarillento.

Figura 1.80. Terminales de latón.

Existen dos tipos de latón según su clasificación. Al primero se le denomina latón de tipo I o latón común compuesto únicamente de cobre y zinc. Al segundo se le denomina latón de tipo II o latón especial que contiene además de cobre y zinc otros elementos como: hierro, aluminio, plomo, etc., y dependiendo del tipo de elemento que participe adquiere una propiedad característica especial.

En automoción, se utiliza principalmente el latón para la fabricación de terminales eléctricos (Figura 1.80), patillas de conexiones de fusibles, uniones de contactores, etcétera.

1.8.5. El bronce

Es una aleación denominada pesada que la forman el cobre y el estaño. Es más blando que el latón y por ello se trabaja muy fácilmente.

Como ocurre con el latón, dependiendo de la cantidad de cobre que participe en la aleación, se obtendrá un bronce de dureza y color diferentes:

- Proporción baja de cobre, el color es blanco.
- Proporción media alta de cobre, el color es gris o rojo azulado.
- Proporción alta de cobre, el color es amarillo rosado.

El bronce, como pasa con el latón, se clasifica en dos grupos: el primero es el bronce común con pequeños porcentajes de zinc y plomo. El segundo es el bronce especial, que se produce con aleaciones de aluminio, magnesio, plomo, níquel, etcétera.

En automoción, los bronces comunes se emplean para la fabricación de cojinetes y válvulas, ya que resisten a los carburantes y no se producen oxidaciones.

Los bronces especiales se emplean principalmente para fabricar elementos reflectores de faros, ruedas dentadas, resortes y materiales con resistencia al desgaste como los anillos de sincronización de las cajas de cambios (Figura 1.81).

Figura 1.81. Anillo de sincronización.

1.8.6. Aleaciones ligeras

El aluminio se forma del mineral llamado bauxita que se encuentra la naturaleza en gran cantidad. Su símbolo es Al.

Para la producción del aluminio se emplean diferentes procesos químicos con los cuales se obtienen los óxidos de aluminio o alúmina y después por medio de la electrolisis se produce la reducción o eliminación del oxígeno.

El aluminio tiene un color gris plateado y es un metal muy blando y ligero, ya que tiene un peso específico de 2,7 kg/dm^3. Tiene una conductividad eléctrica baja y su temperatura de fusión es de 660 °C. Es resistente a la corrosión y tiene una elevada ductilidad y maleabilidad.

Las aleaciones de aluminio se forman incluyendo aleantes como: aluminio y cobre (serie 2000), aluminio y manganeso (serie 3000), aluminio y magnesio (serie 5000), aluminio, magnesio y silicio (serie 6000) y aluminio, magnesio, cromo, cobre y zinc (serie 7000). El aluminio puro (Al) con una pureza de más de un 95 % de aluminio pertenece a la serie 1000.

Los principales elementos fabricados con este metal en automoción son: pistones aligerados en motores de combustión, culatas, bloques, elementos de carrocerías como capos, aletas (Figura 1.82), portones, paragolpes, etcétera.

Figura 1.82. Estructura de aluminio.

1.9. PROPIEDADES Y ENSAYOS DE METALES, TRATAMIENTOS TÉRMICOS, TERMOQUÍMICOS, MECÁNICOS Y SUPERFICIALES

Las propiedades de los materiales se determinan mediante un conjunto de pruebas que sirven para especificar su constitución, aspecto y comportamiento.

1.9.1. Ensayos de metales

Los ensayos tienen una gran importancia en la elección de los materiales idóneos para la fabricación de piezas y elementos de los vehículos; se realizan para determinar las características y propiedades de los mismos, siendo los más característicos los que aparecen en el gráfico de la Figura 1.83.

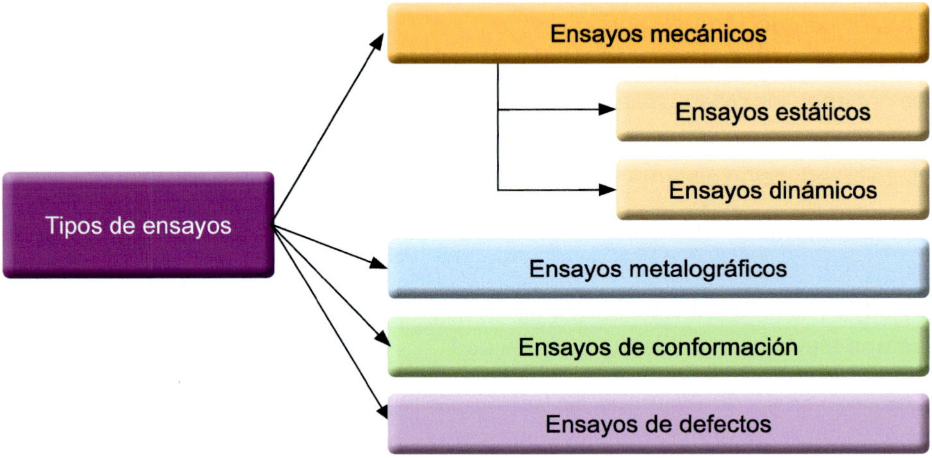

Figura 1.83. Tipos de ensayos.

■ Ensayos mecánicos

Los ensayos mecánicos sirven para comprobar el comportamiento mecánico de un material, que se determina por la relación entre la fuerza aplicada y la deformación experimentada por el material. Los ensayos mecánicos se dividen en: ensayos estáticos y dinámicos.

- **Ensayos de dureza estáticos:** se utilizan para determinar la resistencia de un material a la deformación plástica, al someterlos a cargas o esfuerzos. La deformación puede ser por ralladura o por deformación.
- **Ensayos de dureza al rayado:** se utilizan para determinar la resistencia que opone un cuerpo a la penetración por ralladura. Son ensayos de comparación y se expresan mediante la escala de Mohs. Esta escala establece los índices de dureza, tal y como aparece en la Tabla 1.5.

Tabla 1.5. Escala de Mohs

1	2	3	4	5	6	7	8	9	10
Talco	Yeso	Calcita	Fluorita	Apatito	Feldespato	Cuarzo	Topacio	Corindón	Diamante

- **Ensayos de dureza por penetración:** estos ensayos se utilizan para determinar la dureza de los materiales. Algunos de los más utilizados son: ensayo de dureza Rockwell, ensayo de dureza Brinell, ensayo de dureza Vickers y Knoop. A continuación, se va a describe uno de los más utilizados.

- **Ensayos de dureza Rockwell:** son uno de los métodos más utilizados. Se pueden efectuar con un durómetro (Figura 1.84), que es el equipo encargado de producir la presión para marcar la huella. El equipo de penetradores está constituido por distintas bolas de acero endurecido, con diámetros de 1/16, 1/8, 1/4 y 1/2 pulgada y un elemento cónico de diamante, el cual se usa para los materiales más duros. Para realizar el ensayo se combinan los penetradores y el esfuerzo aplicado en función del material. Para ejecutar el ensayo se aplica la carga inicial y se cala la escala del reloj a cero, se aplica la fuerza máxima determinada para el ensayo durante diez segundos y se vuelve a la carga inicial. El desplazamiento de la aguja determina la profundidad de la huella, estableciendo la dureza. La dureza se establece por la diferencia de huella dejada por la carga inicial y la final.

Figura 1.84. Durómetro con el penetrador de bola de 1/16 montado para ensayos Rockwell.

- **Ensayos estáticos de tipo destructivos:** otros ensayos para determinar las características del material son: tracción, compresión y flexión. Estos ensayos son de tipo destructivo. Se pueden realizar con los equipos denominados de ensayos universales (Figura 1.85). Estos equipos están constituidos por el grupo generador de fuerza y control de la misma (1), el cuerpo donde se realizan los ensayos (2), el ordenador y la impresora para obtener los resultados de los ensayos (3). El cuerpo está constituido por la zona (a) donde se realizan los ensayos de flexión, doblado, compresión y dureza, y la zona (b) para realizar los ensayos de tracción.

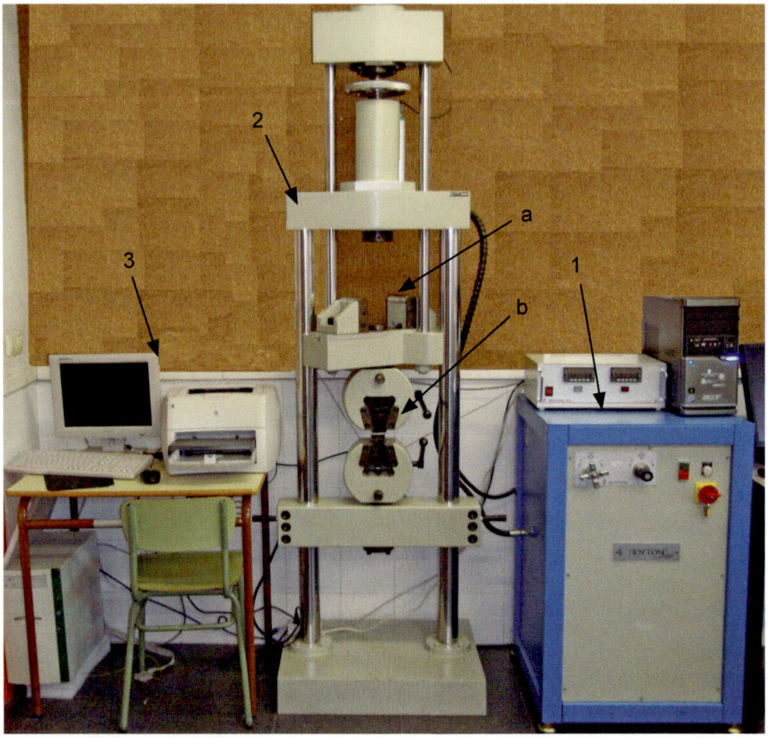

Figura 1.85. Equipo de ensayos universal.

- **Ensayos mecánicos, de tipo dinámico:** estos ensayos se utilizan para comprobar la tenacidad de un material al impacto, es decir su resiliencia. Como su nombre indica la carga sobre el material a ensayar es dinámica.

- **Ensayos mecánicos de resistencia al choque:** son ensayos destructivos que se realizan normalmente por medio de péndulos, siendo uno de los más utilizados el péndulo de Charpy (Figura 1.86). Para realizar el ensayo se coloca la probeta entre los soportes (1), se gira el mando (2), hasta que el péndulo sube a la altura determinada. El ángulo se mide en la escala graduada (3). A continuación, se libera el péndulo, que efectúa un impacto sobre la probeta, produciendo su rotura. En la Figura 1.87 se pueden ver dos probetas des-

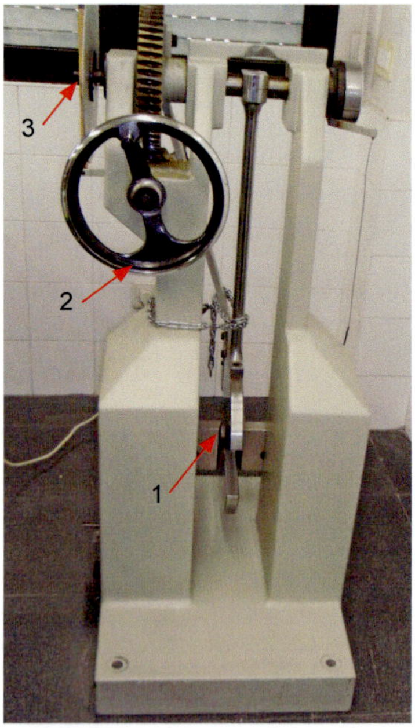

Figura 1.86. Péndulo de Charpy para ensayos de resistencia al choque.

pués de un ensayo. En la (a) se puede observar que su rotura es limpia, lo que indica mayor dureza y tenacidad que la (b). La (b) está constituida por un material más elástico, pero con menor dureza.

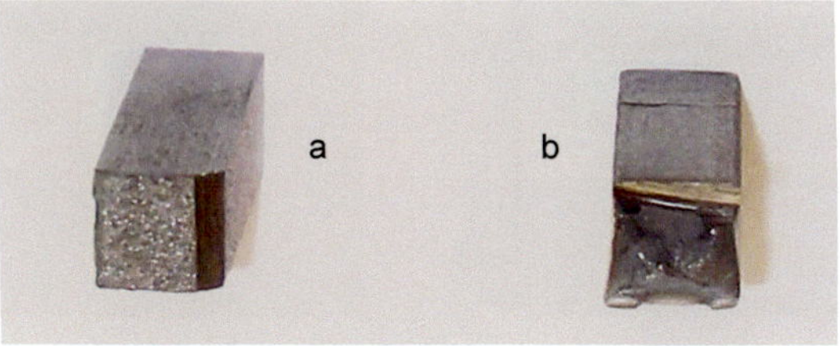

Figura 1.87. Probetas después de un ensayo en el péndulo de Charpy.

■ Ensayos metalográficos

Se emplean para determinar la composición, la estructura y las características térmicas de los materiales. A estos ensayos se les denomina también ensayos de características.

■ Ensayos de conformación o tecnológicos

Sirven para determinar la mayor o menor facilidad que tienen los materiales para someterlos a procesos de conformado. Es un proceso de suma importancia para definir la respuesta del material en los procesos de fabricación de piezas. Los más significativos son: ensayo de plegado, ensayo de embutición, ensayo de forja y ensayo de cizalladura.

■ Ensayos de defectos

En este tipo de ensayos, la apreciación de los defectos se realiza en primer lugar por visualización directa. En ocasiones, esta apreciación hay que realizarla en hendiduras u oquedades, para ello se utilizan los endoscopios. El equipo de la Figura 1.88 es de apreciación directa, utilizándose en la actualidad las cámaras de toma de imágenes. Los ensayos de defectos se utilizan para determinar el estado superficial o interno del material en la fabricación de piezas (forjadas, laminadas, fundidas, etc.), soldadura, o para determinar el posible envejecimiento por fatiga del material. Son ensayos no destructivos y son conocidos como ensayos END (ensayo no destructivo) (Figura 1.89).

Algunos de los ensayos de defectos más utilizados son los que se especifican en la siguiente Tabla 1.6.

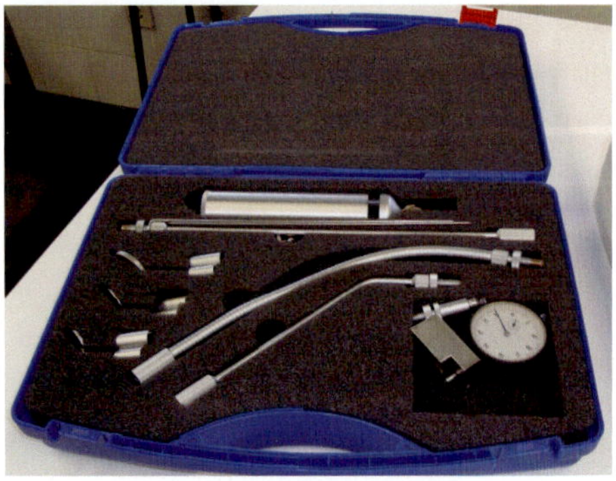

Figura 1.88. Endoscopio y equipo de comprobación de defectos superficiales en oquedades y huecos.

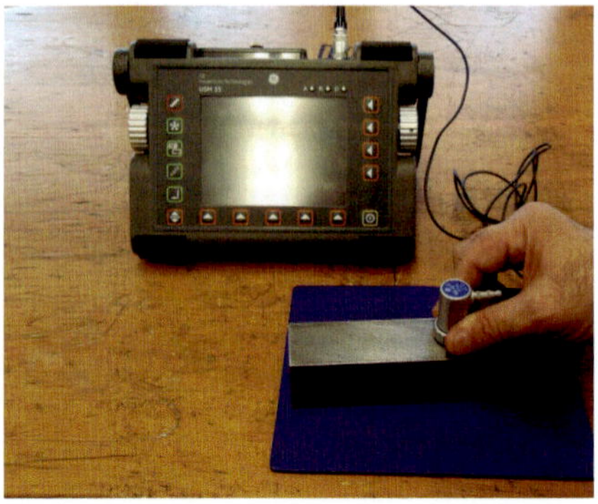

Figura 1.89. Ensayo no destructivo (END) con equipo por ultrasonidos.

Tabla 1.6. Ensayos de defectos

Tipo de ensayo	Defectos para los que se utiliza
Líquidos penetrantes	Se utiliza para detectar fisuras en los materiales. Son líquidos que aplicados superficialmente detectan grietas y fisuras superficiales.
Corrientes inducidas	Fundamentalmente este ensayo se utiliza para detectar defectos superficiales y espesores de capa.
Ultrasonidos	Se emplea para detectar defectos en profundidad. Estos equipos pueden detectar fallos en el acero con una precisión de centésimas de milímetro al realizar comprobaciones con espesores de hasta diez metros.
Partículas magnéticas	Se utilizan fundamentalmente para detectar fisuras en el material.
Rayos X	Se utilizan para detectar defectos internos no visibles.

1.9.2. Tratamientos térmicos

Se denomina tratamiento térmico al proceso que tiene por objeto modificar las propiedades de los metales, mediante calentamientos a temperaturas determinadas y enfriamientos programados, produciendo modificaciones en su estructura molecular, para mejorar sus propiedades mecánicas. Las aleaciones férricas son las que mejor admiten los tratamientos térmicos.

Los tratamientos térmicos son: temple, revenido, recocido y normalizado.

- **Temple:** es un tratamiento térmico que aplicado al acero aumenta su dureza, resistencia y límite elástico, aumentando así mismo su fragilidad.

  Se efectúa calentando el acero a una temperatura superior a la de su punto crítico 723 °C, y enfriándolo controladamente mediante líquidos, aire y otros materiales. Si el enfriamiento de la pieza se realiza muy rápido se denomina temple duro, si por el contrario ha sido lento, recibe el nombre de temple suave. Es un tratamiento que se aplica a gran cantidad de piezas de los vehículos y a las herramientas utilizadas en los trabajos de mantenimiento (Figura 1.90).

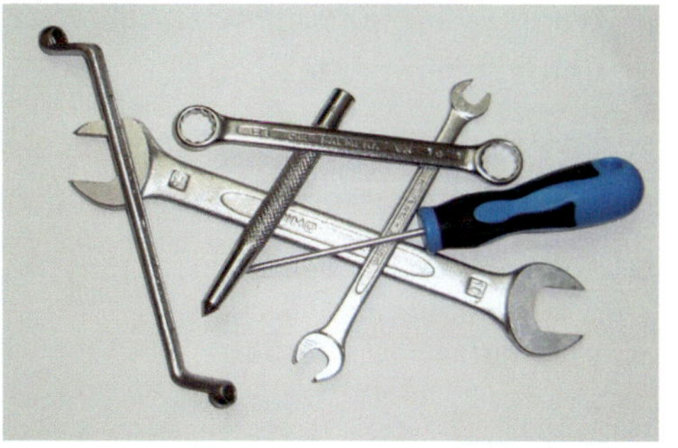

Figura 1.90. Herramientas de acero templado.

- **Revenido:** es un tratamiento que se da a las piezas de acero al carbono templadas, para recuperar ductilidad y eliminar tensiones internas producidas en el temple, disminuyendo la fragilidad, dureza y resistencia, lo que mejora las particularidades del acero (Figura 1.91).

  Se efectúa dando un calentamiento a las piezas a una temperatura inferior a los 700 °C, el proceso se completa enfriando la pieza. Las causas que más influyen en el revenido son la temperatura y el tiempo de calentamiento.

Figura 1.91. Discos de sierra a los que se les aplica el tratamiento de revenido.

- **Recocido:** es un tratamiento térmico que consiste en calentar el acero hasta una temperatura superior a la de transformación, seguido de un enfriamiento lento, para que las transformaciones se efectúen a altas temperaturas.

  Este tratamiento se utiliza para eliminar los problemas producidos durante el conformado en frío o en tratamientos anteriores, su aplicación elimina tensiones internas, proporciona al material ductilidad y ablandamiento, pudiéndose variar sus características eléctricas o magnéticas (Figura 1.92).

- **Normalizado:** es un tratamiento térmico que tiene la misión de devolver la estructura cristalina normalizada a los aceros, eliminar tratamientos previos y quitar tensiones, se aplica a piezas que han sido conformadas en frío o en caliente o sometidas a procesos de soldeo.

  Para su aplicación se calienta la pieza unos 150 °C por encima del punto crítico (esta temperatura podrá variar ligeramente en función del contenido en carbono), para que el material se convierta en austenita, logrando una difusión homogénea del carbono en la pieza, se mantiene a esa temperatura un tiempo para homogeneizar el reparto del calor por toda la pieza, dejándola enfriar lentamente al aire.

La temperatura aplicada provoca el recalentamiento del acero, por lo que hay que aplicar posteriormente un recocido de regeneración para afinar el grano.

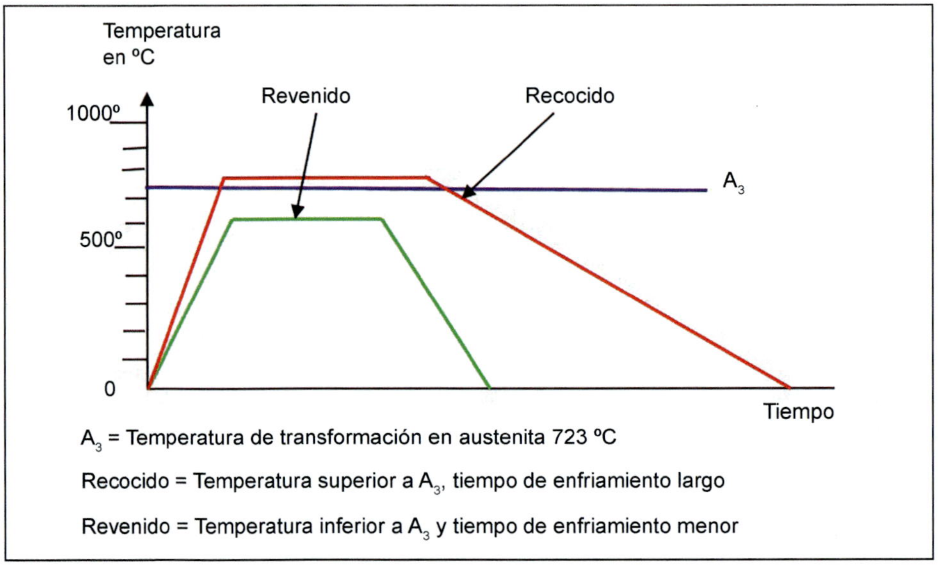

Figura 1.92. Curvas comparativas entre un ablandamiento por revenido y recocido.

1.9.3. Tratamientos termoquímicos

Son los tratamientos térmicos que modifican las propiedades químicas del metal en su superficie, sin modificar las características internas de las piezas, proporcionando una gran dureza superficial y una gran resistencia al desgaste. Los tratamientos termoquímicos son: cementación, nitruración, cianuración, carbonitruración y sulfinización.

- **Cementación:** es un tratamiento termoquímico que tiene por objeto endurecer la superficie de una pieza de acero dulce, cuyo contenido en carbono sea inferior al 0,25 %, mediante la aportación de carbono a una temperatura determinada.

  Posteriormente, se somete a la pieza al tratamiento térmico del temple, proporcionando a la superficie una gran dureza. Con esta operación se obtiene gran resistencia al rozamiento superficial, gran resistencia al choque y una buena tenacidad y resistencia a la fatiga en el núcleo.

  La profundidad de la superficie cementada puede ir desde una décima hasta los dos milímetros. El espesor de la cementación depende de la temperatura de calentamiento y del tiempo empleado en el proceso. La cementación se aplica a piñones, ejes, levas, etc. (Figura 1.93).

Figura 1.93. Bulones de biela y eje de levas cementados.

- **Nitruración:** es un tratamiento termoquímico superficial, que consiste en introducir la pieza dentro de una cámara con atmósfera de nitrógeno o amoniaco y colocarla en el horno a unos 500 °C. Durante el calentamiento el amoniaco se descompone y el nitrógeno forma nitruro, que se combina superficialmente con el acero. Las piezas nitruradas no necesitan tratamiento posterior. En el proceso de nitruración las piezas no sufren deformaciones y se obtienen mayores durezas que en los procesos de cementación.

  Este es un tratamiento que requiere mucho tiempo, pudiendo llegar hasta las 90 horas, y dependiendo del espesor de penetración que se desee conseguir, se puede llegar a obtener hasta 0,01 milímetros por hora.

  Este tratamiento se suele aplicar a las camisas de los cilindros, muñequillas de cigüeñal y otras muchas piezas en los vehículos (Figura 1.94).

Figura 1.94. Camisa de cilindro con la superficie interna nitrurada y cigüeñal con las muñequillas nitruradas.

- **Cianuración:** es un tratamiento termoquímico que se aplica a los aceros de bajo contenido en carbono para obtener una superficie dura y resistente al desgaste. Se calienta el acero por encima de la temperatura crítica (a unos 800 °C) en un baño de cianuro fundido, compuesto por cianuro de sodio, con cloruro de sodio y carbonato de sodio, consiguiéndose el endurecimiento por la acción del carbono y del nitrógeno, templándose a continuación. La duración del baño es de una hora, consiguiéndose una capa de 0,25 mm.
- **Sulfinización:** es un tratamiento termoquímico superficial que se da a los aceros y que prolonga largamente la duración al desgaste por rozamiento.

Las piezas a tratar se introducen en baños de sales de carbono, nitrógeno y sodio en un 95 % y azufre, nitrógeno y sodio en un 5 % calentadas a unos 570 ºC, lo que produce en la superficie del acero una capa de hasta 0,3 mm de espesor, en tres horas. La capa tiene una composición de acero, carbono, azufre y nitrógeno. Las piezas a las que se les aplica este tratamiento aumentan ligeramente su tamaño, al depositarse superficialmente.

1.9.4. Tratamientos mecánicos

Los tratamientos mecánicos consisten en calentar el metal y someterlo a procesos de golpeo enfriándolo rápidamente, lo que mejora las características del material, utilizándose a veces el proceso de golpeo para obtener las formas prefijadas del metal. El proceso más característico de los tratamientos mecánicos es la forja.

La **forja** consiste en calentar el material a una temperatura ligeramente superior a la de temple (austenita) y después se somete al material a un proceso continuado de golpeo dejándolo enfriar a continuación a temperatura ambiente; también se puede controlar la temperatura de enfriamiento realizándolo en el horno. La forja aumenta la resistencia mecánica del material, elimina impurezas y mejora la estructura molecular del acero, eliminando impurezas.

1.9.5. Tratamientos superficiales

Los tratamientos superficiales sirven para mejorar las características de la superficie exterior de los metales y preservarlos del ataque de los agentes atmosféricos protegiéndolos del óxido y de la corrosión fundamentalmente.

Estos tratamientos consisten en recubrir al metal de la pieza de una capa superficial de otro metal para protegerlos y proporcionarles sus características superficialmente. Los tratamientos más utilizados son: cincado, cromado y adonizado.

- **Cincado:** este tratamiento se utiliza para los aceros y consiste en aplicar una capa de zinc sobre la pieza mediante galvanizado, la capa de zinc aplicada sobre el acero hace de material de sacrificio aislando a la pieza del ataque de los agentes externos.
- **Cromado:** este tratamiento consiste en aplicar una capa de recubrimiento de cromo sobre las piezas mejorando sus características superficiales, aumentando la resistencia al desgaste, a la penetración y al rayado protegiéndolas de los agentes externos. Este tratamiento se aplica mediante galvanizado a

se consideran frecuentemente aquellos metales que forman una combinación insoluble con el anión correspondiente.

- **Protección anticorrosiva activa en el medio atacante:** se consigue interviniendo sobre el medio atacante para reducir la corrosión. Aquí podríamos citar el secado y la eliminación de la humedad del aire que envuelve a las piezas y añadir los aditivos correspondientes en aceites, agua de refrigeración, etc., para evitar que puedan atacar a los materiales férreos mediante la formación de la corrosión.
- **Protección anticorrosiva activa mediante construcción adecuada:** la construcción resistente a la corrosión requiere un exacto conocimiento de las formas en que se manifiesta la destrucción de los metales, de las circunstancias que conducen a la acción corrosiva y de las propiedades de los materiales metálicos, además de una buena noción de los distintos procesos en los productos. Como ejemplo diremos que para evitar la corrosión de contacto se eligen metales que se encuentren lo más cerca posible en la escala electroquímica de potenciales y se aíslan eléctricamente sus puntos de conexión para evitar la corrosión por pares galvánicos. Se da al metal eléctricamente negativo una superficie mayor que al metal eléctricamente positivo, y se aumenta en lo posible el grosor de material del metal más negativo. Deben conseguirse superficies lisas para que no se formen fisuras o bolsas.

ACTIVIDADES FINALES

1.1. ¿Qué partes constituyen una lima?

a) Cuerpo, cola, lima y punta.
b) Mango, espiga, cuerpo y punta.
c) Picado, cuerpo, espiga y canto.
d) Mango, espiga, cuerpo y picado.

1.2. Los abrasivos están constituidos por:

a) El soporte, el aglutinante y el pegamento.
b) El aglutinante, el soporte y el papel.
c) El soporte, el mineral y la tela del soporte.
d) El soporte, el aglutinante y el mineral.

1.3. ¿Qué es el taladrado?

a) Es la operación de mecanizado con desprendimiento de viruta, que tiene por objeto hacer orificios circulares sobre las piezas.
b) Es la operación de mecanizado con desprendimiento de viruta que tiene por objeto hacer chaveteros.
c) Es la operación que tiene por objeto hacer orificios mediante un punzón.
d) Es la operación que tiene por objeto hacer orificios mediante un cortafrío.

1.4. ¿Qué es la velocidad de corte en la ejecución de un taladro?

a) Es el espacio recorrido por el punto exterior del filo de la broca en la unidad de tiempo.
b) Es el espacio que existe entre los bordes del taladro.
c) Es el número de revoluciones que tiene la broca al taladrar.
d) Es el tiempo que se tarda en hacer el taladro, teniendo en cuenta su profundidad.

1.5. ¿Qué es un remache *pop*?

a) Es un componente de fijación cuya función es unir dos piezas de forma permanente.
b) Existen los remaches, pero los remaches *pop* no.
c) Son remaches que se ponen con buterolas.
d) Son remaches de plástico que se utilizan en la unión de plásticos pegados.

1.6. ¿Para qué se utilizan las abrazaderas de cierre?

a) En los vehículos no tienen aplicación este tipo de abrazaderas, se utilizan para la fijación de instalaciones eléctricas.

b) Para evitar que se escapen los gases de escape.

c) Para sellar tubos rígidos.

d) Para evitar que se produzcan escapes o fugas de fluidos en los tubos flexibles.

1.7. ¿Qué es el bronce?

a) Es una aleación pesada formada por latón y cobre.

b) Es una aleación formada por cobre y estaño.

c) Es una aleación constituida por plomo y latón.

d) Es una aleación formada por acero y cobre.

1.8. ¿Qué es la fusibilidad en los metales?

a) Es la propiedad que caracteriza a ciertos materiales de pasar más o menos rápidamente del estado sólido al estado líquido por efecto del calor.

b) Es la propiedad que caracteriza a ciertos materiales de pasar más o menos rápidamente del estado líquido a vapor.

c) Es la propiedad que determina la dureza de los materiales.

d) Es la propiedad que determina la conductibilidad eléctrica de los metales.

1.9. ¿Qué es la nitruración?

a) Es un tratamiento químico que consiste en calentar la pieza hasta que se convierte en líquido y dejarlo enfriar a temperatura ambiente.

b) Es lo mismo que el tratamiento del temple, pero se enfría la pieza con aceite.

c) Es un tratamiento termoquímico superficial, que consiste en introducir la pieza dentro de una cámara con atmósfera de nitrógeno o amoniaco y colocarla en el horno a unos 500 ºC.

d) Es un tratamiento térmico que consiste en calentar los materiales al punto de fusión y enfriarlo rápidamente.

1.10. ¿Para qué se utiliza el ensayo con partículas magnéticas?

a) Para comprobar la resistencia superficial.

b) Para determinar la flexibilidad del material.

c) Para comprobar el magnetismo del material.

d) Para detectar fisuras en el material.

2. Tecnología de las uniones desmontables

Contenidos

INTRODUCCIÓN

Para poder realizar el montaje de piezas, subconjuntos y conjuntos se utilizan una serie de elementos roscados, siendo los más característicos las tuercas y los tornillos. Las uniones que se realizan de esta forma se las denomina uniones desmontables.

En esta unidad conoceremos los distintos tipos de roscas, los tornillos, las tuercas y su utilización. Se describirá cómo se realiza la reconstrucción de roscas y las técnicas de roscado. Se explicarán los pares de apriete de los elementos roscados, para lograr la perfecta sujeción de las piezas, consiguiendo que no se produzcan deterioros de las roscas y las herramientas utilizadas para realizarlo.

Veremos otros tipos de elementos utilizados para realizar uniones desmontables como los anillos de presión, pasadores, clip, grapas y abrazaderas. También estudiaremos la fijación de ruedas y poleas sobre sus ejes o sobre otros mecanismos mediante chavetas, clavijas y estriados, y por último, las herramientas manuales más utilizadas y las pequeñas máquinas y herramientas eléctricas y neumáticas.

Es importante conocer primero lo que es una rosca y sus partes, los tornillos y las partes que lo forman, para a continuación estudiar los sistemas de roscas, tipos de roscas, etcétera.

2.1. TIPOS DE ROSCAS EMPLEADAS, APLICACIONES Y NORMATIVAS

Se denomina rosca al prisma o filete que se construye en forma de hélice sobre un cilindro, este cilindro forma el núcleo del tornillo.

Si la hélice va construida sobre un cilindro se denomina tornillo, si está construida sobre las paredes interiores de un taladro se denomina tuerca.

2.1.1. Tipos de roscas empleadas

Los tipos de roscas empleadas se pueden clasificar por el sitio donde están realizadas (interiores o exteriores), por el número de filetes que tengan, por el sentido de la hélice y por la forma del filete (Figura 2.1).

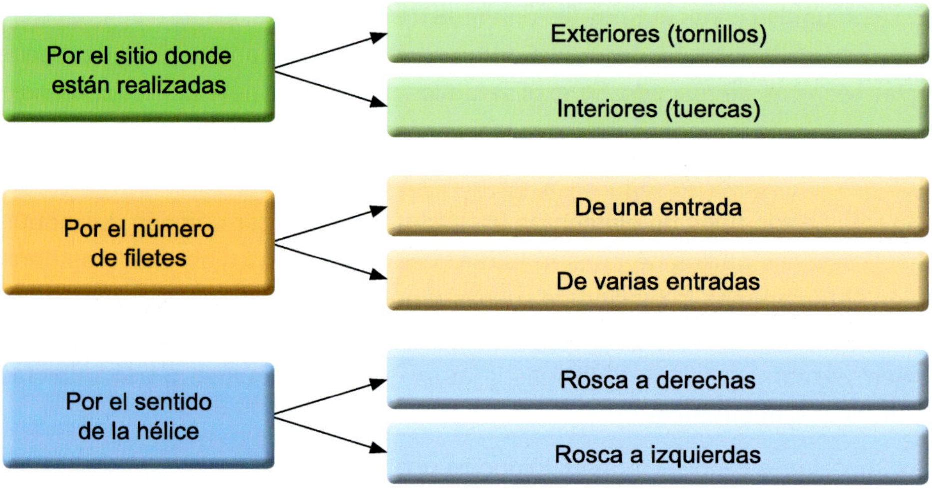

Figura 2.1. Clasificación de las roscas por el sitio donde están realizadas, por el número de filetes y por el sentido de la hélice.

En la Figura 2.2 podemos ver una clasificación de los tipos de roscas atendiendo a la forma del filete.

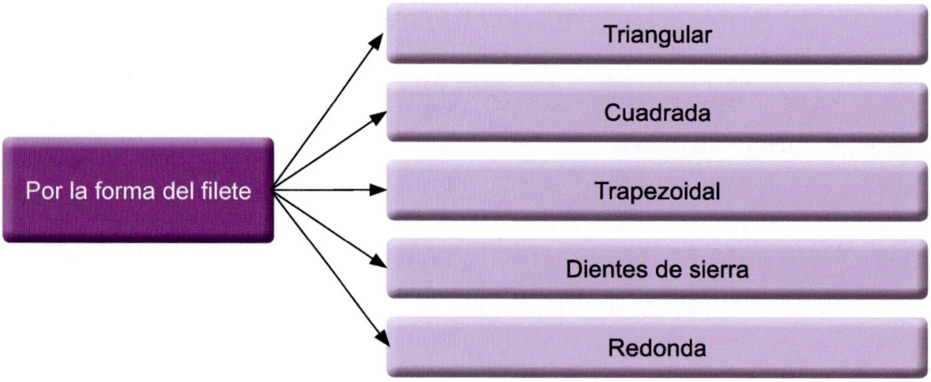

Figura 2.2. Clasificación de las roscas por la forma del filete.

2.1.2. Aplicaciones de las roscas

En función de la forma del filete de la rosca, estas tienen distintas aplicaciones, siendo las más importantes las que vamos a ver a continuación.

Rosca de filete triangular

En este tipo de rosca la sección del filete tiene forma de triángulo equilátero o isósceles, se suelen emplear para el montaje y ensamblado de piezas (Figura 2.3).

Cuando el tornillo no tiene cabeza se le denomina espárrago.

Figura 2.3. Rosca triangular.

Rosca de filete cuadrado

La sección del filete de este tipo de rosca tiene forma cuadrada o rectangular, se utiliza fundamentalmente para la construcción de husillos y no está normalizada. En la rosca cuadrada, el lado del cuadrado suele ser igual al paso (Figura 2.4).

Figura 2.4. Rosca cuadrada.

Rosca de filete trapecial

Estas roscas también reciben el nombre de trapezoidal, tienen la sección del filete con forma de trapecio isósceles. Se utilizan fundamentalmente para la transmisión del movimiento, para servir de guía y para soportar grandes esfuerzos.

Cuando engrana con un piñón o sector dentado recibe el nombre de tornillo sin fin.

Este tipo de rosca tampoco está normalizado, cuando trabaja como tornillo sin fin se construye según las normas del piñón con el que engrana (Figura 2.5).

Figura 2.5. Rosca trapecial.

Rosca de filete dientes de sierra

La sección del filete tiene forma de trapecio rectángulo, se utiliza para la transmisión de grandes esfuerzos axiales por un solo lado del filete, esta cara es la que forma el ángulo recto y es perpendicular al núcleo del husillo (Figura 2.6).

Figura 2.6. Rosca dientes de sierra.

Rosca de filete redondo

Su sección es un semicírculo o un segmento circular. Se utiliza para soportar grandes esfuerzos en condiciones desfavorables, en presencia de arena, polvo, etc., que le producen un gran desgaste. Otro tipo de rosca redonda con menos altura de filete es la rosca Edison, se utiliza para la fabricación de casquillos, fusibles, etc. (Figura 2.7).

Figura 2.7. Rosca redonda.

2.1.3. Normativa de las roscas

La normativa sobre roscas define claramente las partes que las constituyen y las particularidades y diferencias entre ellas. Todo esto lo veremos seguidamente.

Partes que constituyen las roscas

En la Figura 2.8 se definen, según la normativa, las partes que constituyen una rosca:

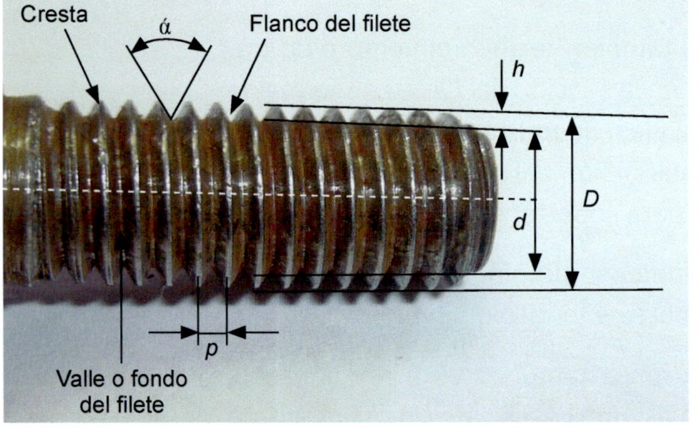

Figura 2.8. Partes que constituyen una rosca.

- **Ángulo de la hélice o de flancos (ά):** es el formado por los flancos de dos filetes consecutivos, medido en un mismo punto. Este ángulo en la rosca métrica mide 60º sexagesimales y en Whitworth 55º.
- **Paso (*P*):** se define como paso en la rosca métrica a la distancia que existe entre dos filetes consecutivos en una rosca. En los sistemas anglosajones se define como el número de hilos por pulgada de longitud de rosca.
- **Profundidad de rosca (*h*):** es la altura real del filete, y es la distancia que existe entre la cresta y el fondo del filete, medido perpendicularmente al núcleo.

- **Diámetro exterior o diámetro nominal (*D*):** es el diámetro exterior o diámetro máximo de la rosca. Este diámetro es distinto en los tornillos y la tuerca correspondiente. Existe una tolerancia para evitar que se agarren el tornillo y la tuerca por rozamiento.
- **Diámetro interior o del núcleo (*d*):** es el diámetro interior del tornillo o diámetro del núcleo. El diámetro menor se toma a la inversa entre la tuerca y el tornillo. En el tornillo el diámetro menor se toma sobre el valle o fondo del filete y en la tuerca sobre la cresta.
- **Cresta del filete:** es la línea más externa del filete y sobre ella se mide el diámetro exterior o diámetro nominal.
- **Valle o fondo:** es el fondo del filete y está formado por la unión de los flancos en su parte inferior. Sobre él se mide el diámetro del núcleo.
- **Flanco del filete:** es el lateral del filete. El filete tiene dos flancos, que coinciden con los lados del triángulo que lo genera.

2.2. TERMINOLOGÍA DE LAS UNIONES ATORNILLADAS

Las uniones mediante tornillos reciben el nombre según la forma en que realizan la sujeción o ensamblado de las piezas los tornillos utilizados.

La terminología más utilizada en el montaje de las uniones es: mediante tornillos de unión, con tornillos pasantes, mediante espárragos y con tornillos autorroscantes para chapa.

2.2.1. Uniones mediante tornillos de unión

En este tipo de unión una de las piezas va roscada actuando en este caso como si de una tuerca se tratara. La otra pieza lleva un taladro por el que pasa el tornillo (Figura 2.9). Para realizar el montaje se enfrentan entre sí las piezas de forma que coincidan perfectamente los dos orificios, al poner y apretar el tornillo se produce el ensamblado de las piezas firmemente. Los tornillos utilizados en este caso suelen llevar una parte que no está roscada (denominada cuello) y que tiene aproximadamente la longitud del espesor de la pieza a sujetar.

Figura 2.9. Montaje mediante tornillos de unión.

En este tipo de montaje la fuerza de la unión se produce por la presión entre la cabeza del tornillo y la pieza roscada.

2.2.2. Uniones mediante tornillos pasantes

En este caso, el montaje se realiza mediante tornillos que atraviesan las piezas a ensamblar a través de los orificios que llevan sin roscar en ninguna de las piezas, la sujeción y el apriete se realiza mediante una tuerca que rosca sobre los tornillos. En muchos casos se pone una arandela plana sobre los tornillos cuando el apriete se realiza sobre piezas de material que no tiene la suficiente dureza.

2.2.3. Uniones mediante espárragos

Los espárragos son varillas roscadas en ambos extremos (Figura 2.10), uno de los extremos rosca en la pieza y en el otro se atornilla una tuerca que realiza el ensamblado y el apriete de las piezas, produciendo la fuerza de sujeción. Uno de los ejemplos característicos son algunas culatas que se fijan al bloque de cilindros de esta forma.

Figura 2.10. Espárrago.

2.2.4. Uniones mediante tornillos autorroscantes

Los tornillos autorroscantes, conocidos también como tornillos de rosca chapa (Figura 2.11), se utilizan cuando las chapas o piezas a ensamblar no están sometidas a grandes esfuerzos.

Estos tornillos tienen su superficie templada o cementada para incrementar su dureza.

El taladro sobre el que va el tornillo tiene un diámetro menor que este, para que al apretarlo realice la rosca sobre la pieza en la que se va a fijar.

Figura 2.11. Tornillos rosca chapa.

2.3. TIPOS DE TORNILLOS, TUERCAS Y ARANDELAS Y SUS APLICACIONES

Los distintos tipos de tornillos están definidos por una serie de parámetros, los cuales se van a enumerar a continuación para poder identificarlos correctamente (Figura 2.12):

- Sistema de rosca al que pertenece.
- Diámetro exterior (a).
- Paso de rosca.
- Longitud del tornillo (b).
- Medida de la longitud del cuello si lo tiene (c).
- Longitud de la zona roscada (d).
- Tipo de cabeza (hexagonal, Allen, etc.) (e).
- Calidad del tornillo (dureza y acabado), esta viene determinada por la simbología o los números que van grabados en la parte superior de la cabeza del tornillo (f).

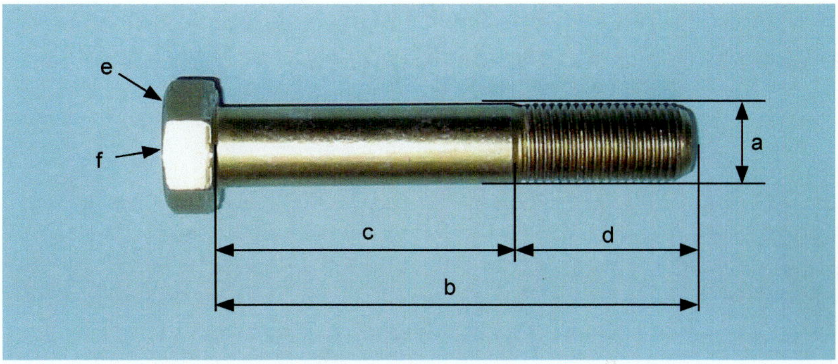

Figura 2.12. Parámetros que identifican un tornillo.

2.3.1. Calidad del tornillo

Los distintos países tienen establecidas sus normas sobre acotación de las roscas y tornillos normalizados. En España, las normas utilizadas son las UNE (Una Norma Española).

Las normas DIN son las alemanas, que también se utilizan en España, pero internacionalmente se utilizan las normas ISO. Todas estas normas son muy parecidas con ligeras variaciones, que no modifican prácticamente en nada su contenido.

Los tornillos tienen distintas calidades en función de su resistencia mecánica, la cual está determinada por la norma EN ISO 898-1.

Esta norma europea determina que los fabricantes están obligados a poner en la cabeza de los tornillos el grupo de calidad a la que pertenecen.

Los códigos europeos están constituidos por dos grupos de números que van sobre la cabeza del tornillo separados por un punto. Los grupos de resistencia normalizados son: 4.6, 4.8, 5.6, 5.8, 6.8, 8.8, 10.9 y 12.9 (Figura 2.8). El primer grupo indica el límite de rotura y el segundo después del punto el límite de elasticidad. Para saber el valor real habría que multiplicar ambos números por 100.

Así, por ejemplo, un tornillo que llevara sobre su cabeza los números 12.9, indicaría que su límite de rotura sería de 1200 N/mm^2 y el límite de elasticidad de 900 MPa, siendo:

1MPa - Megapascal medida de presión = 1 N/mm^2; N/mm^2 - Newton por mm^2

2.3.2. Tipos de forma de la cabeza de los tornillos y sus aplicaciones

Los tornillos se fabrican con gran variedad de forma de su cabeza, además de distintos tipos de ranura y forma que facilitan su apriete. A continuación se presentan algunos de los más utilizados (Figura 2.13):

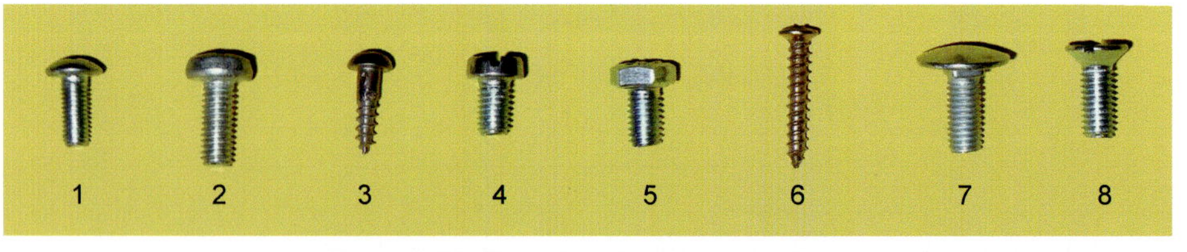

Figura 2.13. Tipos de cabezas de tornillos.

- **Tornillos de cabeza alomada (1):** tienen la cabeza redonda y ancha, la parte superior es ligeramente abombada y se fabrican con todo tipo de ranuras (estrella, Torx, Pozidriv, etc.), este tipo de tornillo se utiliza cuando no se requiere un gran par de apriete.
- **Tornillos de cabeza cilíndrica ancha (2):** la cabeza es ancha y cilíndrica, siendo la parte superior plana. La mayoría llevan una ranura longitudinal para efectuar su apriete con un destornillador, y al tener la cabeza ancha, reparte mejor las cargas del apriete.
- **Tornillos de cabeza redonda (3):** su cabeza tiene forma semiesférica. Se utilizan fundamentalmente para madera y siempre van provistos de una ranura longitudinal para su apriete.

- **Tornillos de cabeza cilíndrica (4):** la parte superior de la cabeza es plana. Tienen las mismas características que los de cabeza ancha, ejerciendo en su apriete una mayor presión puntual al tener su cabeza menor diámetro.
- **Tornillos de cabeza hexagonal (5):** se utilizan fundamentalmente cuando se requieren aprietes importantes.
- **Tornillos de cabeza gota de sebo (6):** la cabeza tiene por su parte inferior forma cónica, para montarla sobre superficies previamente avellanadas. Su parte superior tiene forma bombeada y se utiliza fundamentalmente en decoración (como el montaje de herrajes), ya que una vez montado su forma proporciona belleza estética.
- **Tornillos de carrocero (7):** tienen la cabeza de forma bombeada, sin ranuras en su parte superior. Por su parte inferior llevan un cuadradillo que encaja sobre la pieza que se monta, lo que facilita realizar su apriete sin que se gire, impidiendo poderlo aflojar desde la parte de la cabeza.
- **Tornillos de cabeza plana (8):** este tipo de cabeza se utiliza fundamentalmente para su montaje sobre avellanados previos. Su forma inferior cónica permite que quede enrasado con la superficie sobre la que se monta. Las cabezas tienen todo tipo de ranuras.

2.3.3. Tipos de tuercas

La forma de las tuercas está normalizada, siendo las más corrientes las presentadas en la Figura 2.14:

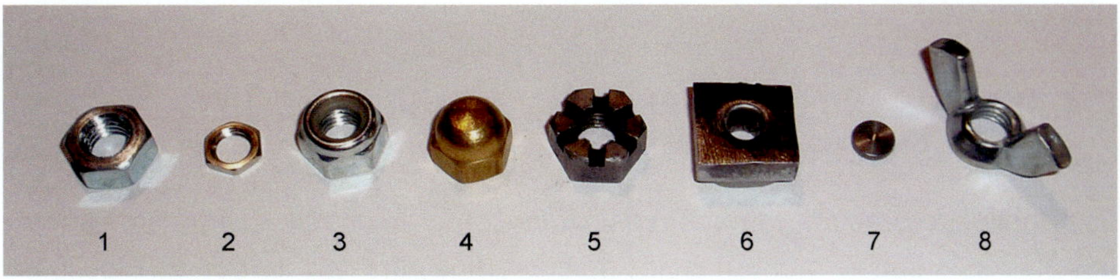

Figura 2.14. Tipos de tuercas.

- Hexagonal (1).
- Hexagonal fina (2).
- Hexagonal autofrenada (3).
- Hexagonal ciega (4).
- Almenada (5).

- Cuadrada (6).
- Redonda moleteada (7).
- De mariposa (8).

2.3.4. Tipos de arandelas y aplicaciones

Las arandelas se utilizan cuando el material de la pieza sobre la que aprieta la cabeza del tornillo es más blando que esta o cuando la superficie es irregular; también se utilizan para repartir la fuerza de apriete de forma homogénea.

Clases de arandelas

Existen dos tipos de arandelas: arandelas de protección y arandelas de seguridad.

- **Arandelas de protección:** son de forma cilíndrica, aunque también pueden tener uno de los lados achaflanados. Se ponen entre la cabeza del tornillo y la pieza sobre la que se va a efectuar el apriete (Figura 2.15).
- **Arandelas de seguridad:** tienen la misión de impedir que los tornillos puedan aflojarse, se fabrican de acero templado con alto límite de elasticidad. Existen distintos tipos: de estrella, dentadas, *grower* (Figura 2.16), etcétera.

Figura 2.15. Arandela de protección.

Figura 2.16. Arandela *grower*.

2.4. TIPOS DE ANILLOS DE PRESIÓN, PASADORES, CLIP, GRAPAS Y ABRAZADERAS

Los anillos de presión, también conocidos como anillos de seguridad, son arillos elásticos que se montan en los mecanismos para que actúen de tope, para evitar que otras piezas se puedan salir de ellos o fijar axialmente un componente mecánico como los rodamientos, poleas, piñones, etcétera.

2.4.1. Tipos de anillos de presión

Dentro de los anillos de presión existen de dos tipos: interiores y exteriores.

- **Anillos de presión exteriores:** son anillos elásticos que se montan sobre canales realizadas en los ejes de los mecanismos que permiten fijar axialmente un componente mecánico. Existen distintas formas de anillos, teniendo todos ellos la misma finalidad. En la Figura 2.17 se muestra un anillo típico de exteriores. Para realizar el montaje y desmontaje es necesario utilizar unos alicates de puntas de abrir.

Figura 2.17. Anillo de presión exterior.

- **Anillos de presión interiores:** son anillos elásticos de tipo interno que van montados en los alojamientos de los mecanismos y permiten retener o fijar axialmente un componente mecánico. Igual que en el caso anterior existen distintas formas de anillos. En la Figura 2.18 se muestra un anillo de presión de interiores. Para realizar el montaje y desmontaje es necesario utilizar unos alicates de puntas de cerrar.

Figura 2.18. Anillo de presión interior.

2.4.2. Pasadores

Los pasadores son dispositivos de unión desmontable entre dos piezas. La unión que constituyen puede ser fija o permitir ciertos movimientos entre las piezas. Los pasadores se clasifican en pasadores cilíndricos, cónicos, elásticos y de seguridad.

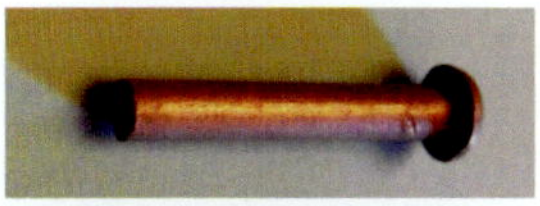

Figura 2.19. Pasador cilíndrico.

- **Pasadores cilíndricos:** son pasadores desmontables, se fabrican de acero y como su nombre indica tienen forma cilíndrica con o sin cabeza, normalmente son macizos, uno de los lados está achaflanado para facilitar su introducción en el orificio y son desmontables (Figura 2.19). Se utilizan para ensamblar dos o más piezas. Una variante de estos pasadores son los denominados pernos, son pasadores cilíndricos que permiten el movimiento de giro de las piezas sobre ellos, uno de los ejemplos más característicos son los pasadores de bisagras de puerta (Figura 2.20).

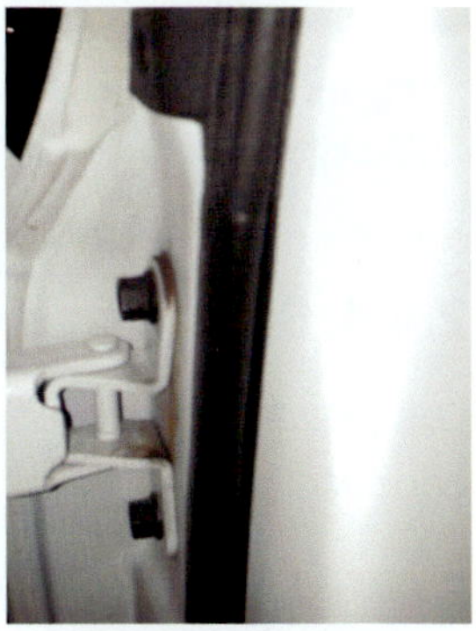

Figura 2.20. Perno de una bisagra.

- **Pasadores cónicos:** estos pasadores tienen uno de sus extremos ligeramente más ancho que el otro, de ahí su nombre, ya que tienen forma cónica. Se utilizan para el ensamblado de piezas que están unas junto a otras, la unión que forman es rígida, no permitiendo ningún tipo de movimiento entre ellas.

- **Pasadores elásticos:** estos pasadores son huecos, se fabrican de acero templado con cierta elasticidad para permitir que se ajusten perfectamente a los orificios de las piezas a ensamblar, están abiertos a lo largo de ellos para que se compriman facilitando el montaje en el momento de su introducción. Los orificios de las piezas a ensamblar tienen que tener un diámetro menor que el nominal del pasador (Figura 2.21).

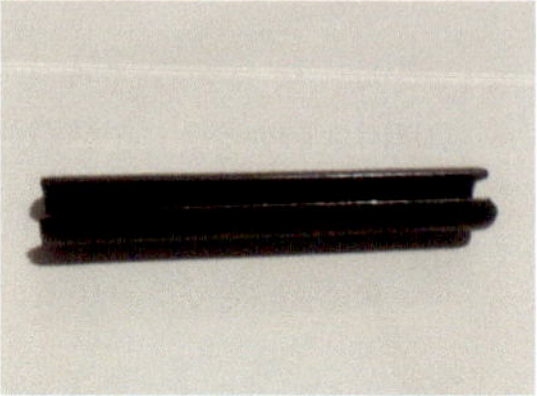

Figura 2.21. Pasador elástico.

2.4.3. Clip

Los clips en realidad se pueden considerar pasadores de seguridad. Tienen la finalidad de frenar e impedir que se salgan los ejes, tuercas y tornillos sobre los que se montan. Hay diferentes tipos, siendo los más comunes los elásticos (Figura 2.22) y los articulados (Figura 2.23). Los de alas (grupillas) no son clips, pero tienen la misma finalidad que ellos ya que se utilizan para frenar tuercas, tornillos, etc. (Figura 2.24).

Figura 2.22. Pasador de seguridad elástico.

Figura 2.23. Pasador de seguridad articulado.

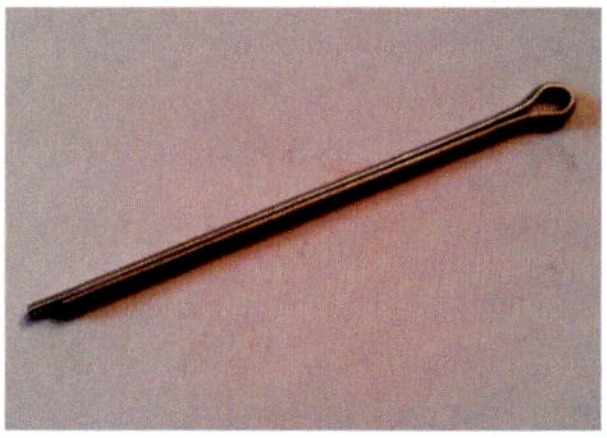

Figura 2.24. Grupilla.

2.4.4. Grapas y abrazaderas

Las grapas son elementos que se utilizan para la sujeción de canalizaciones, conducciones, instalaciones eléctricas, guarnecidos, moquetas, etcétera.

Existen gran cantidad de tipos de grapas teniendo en cuenta su forma y por el material del que están fabricadas se dividen en grapas metálicas y de plástico.

■ Grapas metálicas

Están constituidas de chapa, se utilizan fundamentalmente para sujetar tuberías y canalizaciones de fluidos. Las grapas de chapa se fabrican con una sola sujeción y de doble sujeción (Figura 2.25).

Hay modelos de grapas de chapa que están recubiertas de goma por su parte interior para proteger los elementos que van a sujetar.

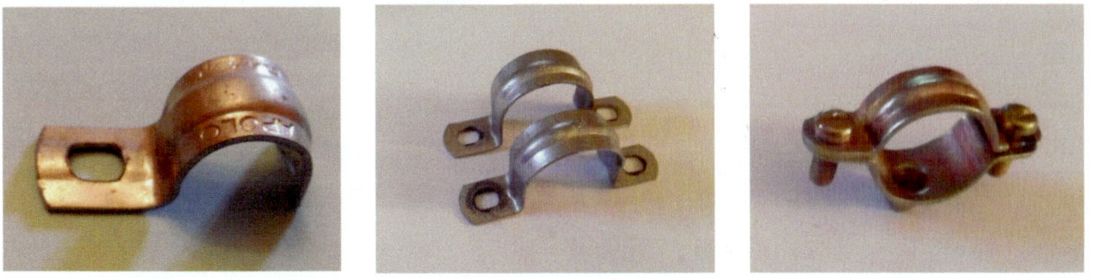

Figura 2.25. Grapas metálicas de fijación.

■ Grapas de plástico

En los vehículos, para la sujeción de tapizados y guarnecidos se utilizan grapas de plástico, existiendo muchos tipos y modelos. Los fabricantes tienen sus propios modelos, aunque existe un grupo de ellas que son de uso común (Figura 2.26).

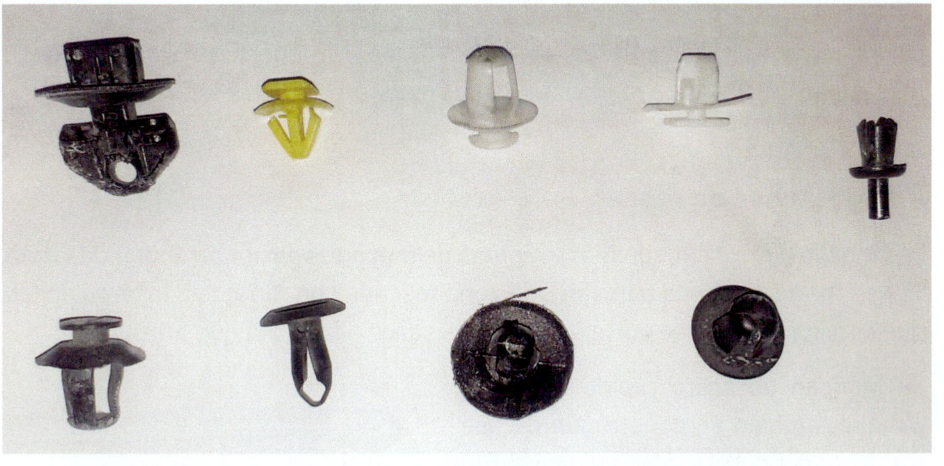

Figura 2.26. Grapas de plástico para sujeción de tapizados y guarnecidos.

■ Abrazaderas

Las abrazaderas (Figura 2.27) se utilizan para evitar que se produzcan escapes o fugas de fluidos en los tubos flexibles que se conectan a los circuitos por los que circulan líquidos que no tienen que soportar grandes presiones.

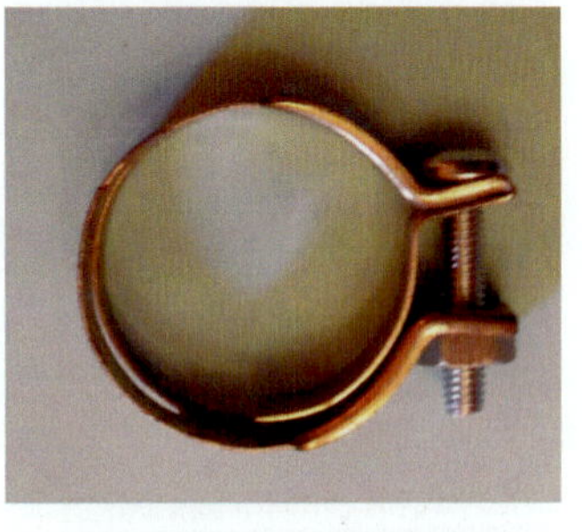

Figura 2.27. Abrazadera de tornillo y tuerca (tipo europeo).

Los tipos de abrazaderas más utilizaos son: de tipo americano (de tornillo sin fin), de tipo europeo (de tornillo y tuerca), abrazaderas de alambre, abrazaderas para tubos de escape, etcétera.

Otro de los tipos que se utilizan son las de plástico, para sujetar instalaciones de canalizaciones (Figura 2.28).

Para completar más el estudio sobre este tema, recomendamos volver a consultar el Apartado 1.3.3.

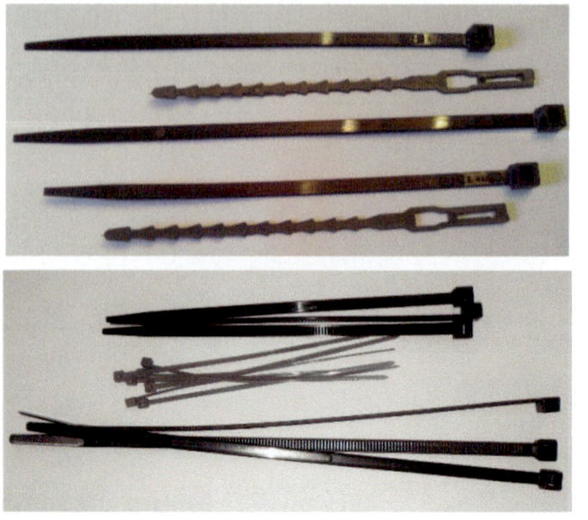

Figura 2.28. Abrazaderas de plástico.

2.5. TÉCNICA DE ROSCADO

El roscado es una operación que consiste en tallar un filete de rosca en forma de hélice sobre una varilla o sobre las paredes de un taladro. Cuando se hace sobre la superficie de una varilla se llama roscado exterior y cuando se realiza sobre un taladro se denomina roscado interior.

Las herramientas utilizadas para realizar roscados interiores son los machos de roscar. Las utilizadas para realizar roscas exteriores son las terrajas.

2.5.1. Machos de roscar

Los machos de roscar son herramientas de mecanizado por arranque de viruta. Tienen forma cilíndrica y llevan una zona roscada con ranuras a lo largo de ella que dan los ángulos de corte y facilitan la salida a la viruta que arrancan.

Se fabrican de acero rápido templado, aunque también se construyen de aceros de mayor dureza, para su uso en función del material a roscar (Figura 2.29).

Figura 2.29. Macho de roscar.

Las partes que constituyen un macho de roscar son (Figura 2.30):

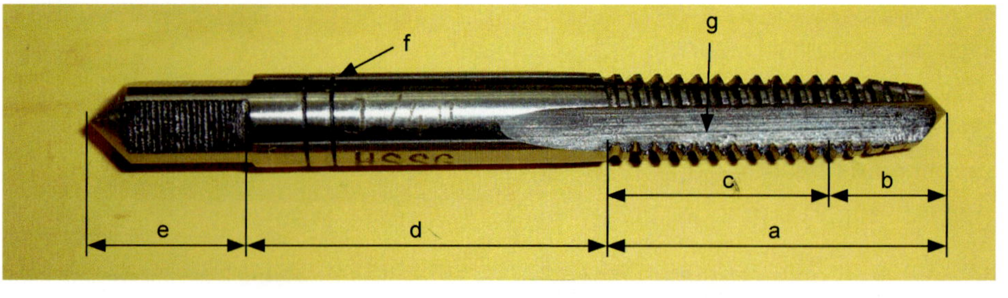

Figura 2.30. Partes que constituyen un macho.

- **Zona roscada** (a): lleva el tallado de rosca que es el que produce el corte del material en el proceso de roscado (a). Sobre ella van las ranuras (g), y está constituida por la entrada (b) y la zona de guía para el roscado (c).
- **Mango** (d): es la parte que va desde la zona roscada hasta la cabeza. Tiene forma cilíndrica y es de menor diámetro que la zona roscada. Sobre ella van grabadas las características del macho, material del que está hecho, diámetro exterior, paso y unas acanaladuras (f), que indican el número en que ha de pasarse el macho en la operación de roscado.
- **Cabeza** (e): es el cuadradillo en que termina el mango, sobre él se monta el giramachos, para realizar las operaciones de roscado.

Los machos se suministran en juegos, estando estos formados por tres machos distintos: cónico, semicónico y cilíndrico, que es el que finaliza el roscado (Figura 2.31):

- **Macho cónico** (a): es el que al hacer el roscado se pasa en primer lugar. La punta de la zona roscada tiene una sección inferior al taladro que se va a roscar, aumentando progresivamente su sección, teniendo al final de la rosca prácticamente el diámetro nominal. Este macho es conocido también como de prerroscado.

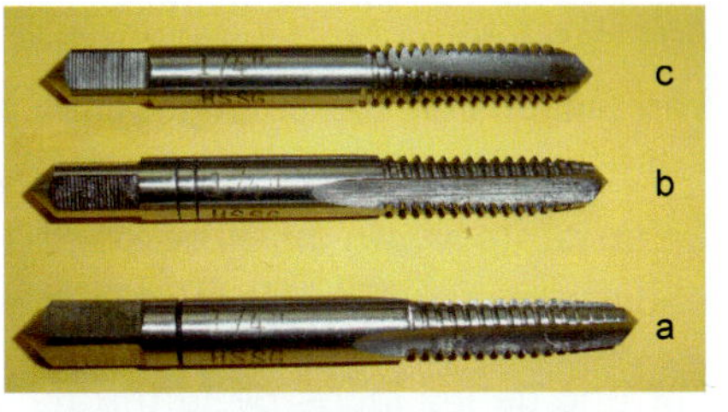

Figura 2.31. Juego de machos: a) cónico, b) semicónico, c) cilíndrico.

- **Macho semicónico** (b): el principio de la rosca es de un diámetro inferior al final del anterior, teniendo al final de la zona roscada el diámetro nominal al que se está roscando.
- **Macho cilíndrico** (c): es el macho de acabado, tiene el paso de rosca y la sección determinada, realizando al pasarlo la normalización de la zona roscada.

Al introducir el macho para el roscado, debe quedar totalmente perpendicular a la pieza a roscar. Para verificarlo se utiliza una escuadra guía, que sirve para comprobar el centrado del macho con respecto al taladro.

2.5.2. Giramachos o bandeadores

Son herramientas cuya misión es girar los machos para la realización de las roscas interiores (Figura 2.32). Se fabrican de acero de herramientas. Tienen un cuerpo central sobre el que van las mordazas, una es fija y la otra móvil, para adaptarse a los cuadradillos de la cabeza de los machos de roscar y de los escariadores. Sobre este cuerpo se roscan dos ejes, uno es fijo y el otro, al girarlo en uno u otro sentido, cierra o abre las mordazas. Los giramachos también son conocidos con el nombre de bandeadores.

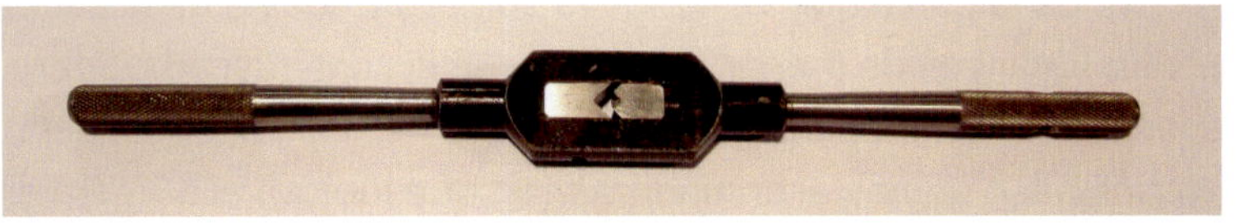

Figura 2.32. Bandeador o giramachos.

2.5.3. Terrajas de roscar

La terraja, o cojinete de roscar, es la herramienta utilizada para tallar por arranque de viruta filetes de rosca en forma de hélice sobre un cilindro o varilla (Figura 2.33). Son de acero templado, tienen forma de anillo y llevan varias ranuras que dan lugar a las aristas de corte, sobre las que van tallados los filetes de la rosca. Las ranuras permiten la salida de la viruta en el proceso de roscado. En su canto llevan distribuidos una serie de avellanados para su sujeción sobre el portaterrajas.

Figura 2.33. Terraja.

Por uno de los lados de la terraja, los filetes de la entrada tienen forma cónica para facilitar el inicio del roscado.

2.5.4. Portaterrajas

Está constituido por un cuerpo central sobre el que se aloja la terraja, en la periferia puede llevar uno o varios tornillos para sujetar la terraja y evitar que se pueda salir (Figura 2.34). Tiene dos brazos que se roscan sobre el cuerpo. Sobre ellos se realiza la fuerza durante el roscado. Al montar la terraja sobre el portaterrajas, hay que tener la precaución de montar la parte cónica en el lado contrario a la pestaña de tope del portaterrajas, ya que si no es así el esfuerzo lo soportarán los tornillos, produciéndose su deterioro.

Figura 2.34. Portaterraja.

2.5.5. Lubricación en los procesos de roscado

En los procesos de roscado hay que lubricar la zona sobre la que se está roscando para evitar que por rozamiento se originen calentamientos, que darían lugar a agarres, pudiendo producir la rotura del macho o de la terraja. Los lubricantes son: aceite para hierros y aceros, petróleo para aluminio y latón. El bronce, y en general todos los metales blandos, se pueden roscar en seco.

2.5.6. Cálculo para la realización de rosca métrica

Teniendo en cuenta que:

d = diámetro del núcleo

D = diámetro nominal del tornillo

P = paso de rosca

h = profundidad de la rosca

El cálculo de la altura del filete o profundidad de la rosca es:

$$h = 0{,}7 \cdot P$$

El diámetro del núcleo del tornillo es:

$$d = D - (1{,}4 \cdot P)$$

El diámetro del taladro para la realización de la tuerca es:

$$D = d - (1{,}3 \cdot P)$$

Cuando el diámetro nominal del tornillo es de ocho milímetros o inferior, se puede restar directamente el paso al diámetro, y esa sería la medida del taladro.

APLICACIÓN PRÁCTICA EN EL TALLER
Cálculo de la profundidad de rosca de un tornillo de M8 Si el tornillo es de M8, el paso es de 1,25. La profundidad de rosca es: $h = 0{,}7 \cdot P = 0{,}7 \cdot 1{,}25 = 0{,}875$ mm
Cálculo del diámetro del núcleo de un tornillo de M10 Si el tornillo es de métrica 10, el paso es de 1,5. El diámetro del núcleo es: $d = D - (1{,}4 \cdot P) = 10 - (1{,}4 \cdot 1{,}5) = 7{,}9$ mm
Cálculo del diámetro del taladro para construir una tuerca de M14 El paso normalizado de una tuerca de 14 es de 2 mm. El diámetro del taladro es: $d = D - (1{,}3 \cdot P) = 14 - (1{,}3 \cdot 2) = 11{,}4$ mm

2.5.7. Proceso de roscado

El roscado es el proceso mediante el cual se talla la hélice que forma la rosca, si este roscado se realiza exteriormente mediante la terraja obtendremos un tornillo o espárrago, si lo realizamos sobre un taladro utilizando los machos obtendremos una pieza roscada interiormente o una tuerca.

En el **proceso de roscado interior,** la secuencia de operaciones a seguir será la siguiente:

1. En primer lugar hay que trazar la pieza para determinar los puntos a taladrar, según las especificaciones de croquis o plano.
2. Granetear los puntos a taladrar para facilitar el taladrado de la pieza.
3. Realizar los cálculos necesarios para determinar el diámetro del taladro, teniendo en cuenta el diámetro de la rosca a realizar.
4. Seleccionar la velocidad de la taladradora teniendo en cuenta el diámetro del taladro y el material a taladrar.
5. Comenzar el taladrado con una broca de pequeño diámetro, se irá poniendo otras de mayor diámetro hasta alcanzar el diámetro necesario del taladro en los casos necesarios (en los casos en que la rosca a realizar sea de un diámetro grande).
6. Lubricar y refrigerar el taladro en los casos necesarios para evitar el deterioro de la broca por calentamiento, con taladrinas o con un producto específico.
7. Sujetar la pieza en el tornillo y seleccionar los machos a utilizar.
8. Introducir el primer macho, que es el cónico, lo más centrado posible en el taladro. El macho de prerroscado se distingue porque lleva en el mango una canal en toda su circunferencia.
9. A continuación, dar una vuelta con el giramachos y comprobar con la escuadra que está totalmente centrado en el orificio a roscar (Figura 2.35).
10. Se continúa dando al giramachos media vuelta hacia adelante y se vuelve hacia atrás, para romper las virutas cortadas, continuando el proceso hasta pasar el macho completamente. Durante el proceso se lubrica el roscado.
11. El proceso anterior se continúa con el macho semicónico (Figura 2.36) (se le distingue por tener dos canales en el mango). La mecánica de ejecución es la misma que la descrita en el apartado precedente.
12. Por último, para completar el roscado se pasa el macho cilíndrico o de acabado, dándose por terminado el proceso correspondiente.

Figura 2.35. Comprobación del centrado del macho.

Figura 2.36. Roscado con macho semicónico.

En el **proceso de roscado exterior,** la secuencia de operaciones a seguir será la siguiente:

1. Interpretar el croquis o plano.
2. Realizar los cálculos necesarios para determinar el diámetro de la varilla, teniendo en cuenta el diámetro del tornillo que posteriormente vamos a roscar. Tendremos en cuenta al seleccionar la varilla que debe de tener una décima de milímetro menos que el nominal del tornillo.
3. Seleccionar las terrajas, los portaterrajas y los medios necesarios para realizar el proceso de roscado. A continuación, cortar las varillas a la medida determinada (Figura 2.37).

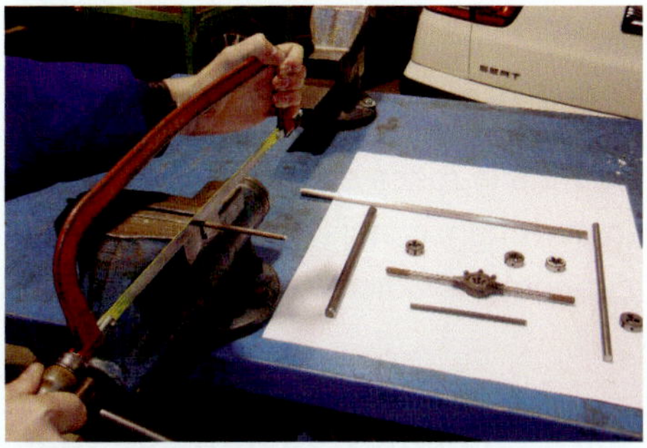

Figura 2.37. Corte de varilla.

4. Sujetar el trozo de varilla calibrada en el tornillo para realizar el espárrago. Se debe poner unas mordazas protectoras para evitar el marcado y deterioro del espárrago.
5. Realizar un rebaje circular en forma de cono en el extremo de los tornillos y de los espárragos, para facilitar la entrada de la terraja. El rebaje debe estar perfectamente centrado con respecto al eje.
6. Montar la terraja sobre el portaterrajas, verificando que la parte cónica está al lado contrario de la pestaña de tope del portaterrajas.
7. Iniciar el roscado apretando el portaterrajas hacia abajo, girándolo al mismo tiempo, hasta que se inicie el roscado. Hay que lubricar el proceso de roscado. Se debe comprobar que la terraja está perfectamente centrada sobre la varilla.

8. Girar la terraja media vuelta hacia delante y media hacia atrás para romper las virutas generadas (Figura 2.38). Se continúa el proceso hasta obtener la medida de roscado estipulada.

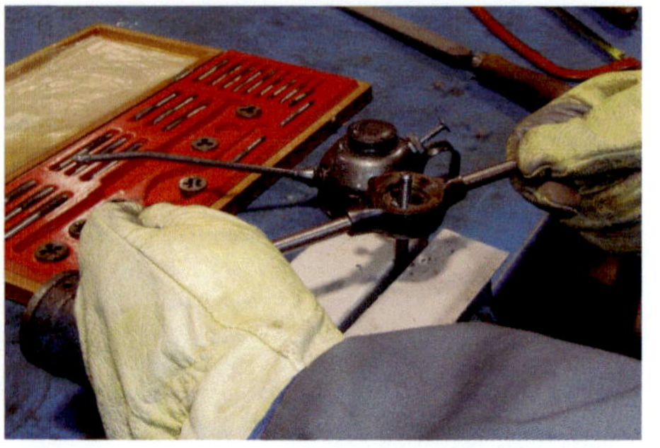

Figura 2.38. Proceso de roscado.

2.6. RECONSTRUCCIÓN DE ROSCAS

A veces las roscas se deterioran, los motivos más usuales suelen ser por apretar excesivamente los tornillos o las tuercas, lo que provoca el deterioro de los dientes; otras veces se produce por meter mal los tornillos, lo que produce que se trasrosque produciéndose el deterioro del filete.

Si el deterioro que se ha producido no ha sido muy grande, a veces se puede reconstruir roscando con los machos o la terraja del mismo paso, lo que facilita la reconstrucción de los hilos de roscas.

2.6.1. Roscado a sobre medida

Cuando la rosca está muy deteriorada, una solución si la posición y el espacio lo permiten, consiste en taladrar a un diámetro mayor y pasar los machos adecuados al taladro efectuado, lo que dará lugar a la creación de una nueva rosca.

2.6.2. Reconstrucción con roscas insertables

Estas roscas se suelen presentar en *kits* de reparación que están constituidos por las roscas insertables, el útil de montaje y el macho de roscado. También se venden las roscas sueltas.

La rosca tiene forma de muelle (Figura 2.39), está formada por una lámina con forma romboidal, uno de sus extremos forma ángulo recto con respeto al sentido de rosca de la lámina, esta doblez es la que nos va a permitir el montaje de la rosca en su alojamiento, mediante el uso del útil.

Figura 2.39. Rosca insertable.

El **proceso de montaje** es el siguiente:

- Lo primero que hay que hacer es taladrar a sobre medida para poder montar la rosca insertable cuyo diámetro interior será el nominal del tornillo, el taladro está determinado por el diámetro de la rosca del macho de roscar.
- Una vez taladrado se eliminan todas las rebabas y virutas.
- A continuación se pasa el macho de roscar, realizando la lubricación necesaria durante el proceso.
- Después se monta la rosca insertable utilizando el útil para girarlo y roscarlo, el cual una vez insertado ejerce presión sobre las paredes impidiendo que se pueda salir.
- Una vez que se comprueba que la rosca está en su sitio se procede a romper la pestaña que ha permitido el montaje con el útil.
- Para finalizar se rosca el tornillo, dándole el apriete estipulado.

2.6.3. Reconstrucción con casquillos roscados

Igual que en el caso anterior se suelen suministrar en juegos que están constituidos por el casquillo roscado, la broca de medida adecuada, una fresa para avellanar el taladro para que haga tope el nervio que tiene en su extremo el casquillo y que asienta sobre la pieza en la que se monta y un macho de roscar cuyo paso es el del exterior del casquillo.

El proceso de montaje es similar al anterior, pero en lugar de insertar el hilo de rosca lo que se hace es insertar el casquillo.

En ocasiones se le aplica al casquillo en su parte externa fija espárragos para asegurar que no se afloja al apretar y al aflojar tornillos.

Este sistema de reparación permite poder apretar los tornillos con el par de apriete estipulado.

2.7. PARES DE APRIETE

Se denomina par de apriete a la fuerza con la que se debe de apretar un tornillo o una tuerca, normalmente esta fuerza se aplica en kilos o en newton en el sistema internacional, es decir se expresa en unidades de fuerza multiplicado por la distancia.

Estos pares de apriete se aplican mediante llaves dinamométricas o pistolas neumáticas con regulación de par.

2.7.1. Llaves dinamométricas

Estas llaves están dotadas de un dispositivo que sirve para controlar el par de apriete aplicado al tornillo o la tuerca. Este mecanismo está constituido por un sistema de carraca mediante trinquete, por la acción de un muelle que se puede regular a voluntad, se determina el par de apriete a aplicar, cuando se alcanza el par establecido actúa un dispositivo que permite que la llave se pueda girar sin transmitir fuerza, al mismo tiempo se produce un sonido característico que avisa de que se ha alcanzado el apriete establecido (Figura 2.40).

Hay llaves dinamométricas en las que el sistema de medición puede ser de control mecánico o electrónico, las electrónicas pueden estar dotadas de memoria.

Una vez que se han efectuado los aprietes establecidos, se deberá poner a cero en la llave la transmisión de par, para evitar que se quede el muelle forzado y pueda variar sus características, lo que daría lugar a falsear la medida en el apriete.

Figura 2.40. Llaves dinamométricas.

2.8. FIJACIÓN DE RUEDAS Y POLEAS, CLAVIJAS, CHAVETAS Y ESTRIADOS

Para la transmisión del movimiento se utilizan ruedas y poleas, y la transmisión la efectúan a través de correas. Las correas normalmente tienen una sección trapecial, aunque también se utilizan redondas, planas, de banda, etcétera.

Figura 2.41. Transmisión del movimiento mediante poleas y correas.

En la actualidad, las poleas suelen ser multicanal (Figura 2.41), utilizando varias correas para la transmisión del movimiento, lo que garantiza un reparto de cargas, menor deslizamiento y permite la transmisión de mayor par.

Para el anclaje de las ruedas a los ejes se utilizan distintos métodos: atornillados, mediante clavijas, chavetas y estriados.

2.8.1. Fijación de ruedas y poleas mediante tornillos

El eje sobre el que se va a montar la rueda o la polea termina en un ensanchamiento con taladros que pueden ser pasantes o roscados. Sobre él se montan las ruedas o poleas y se atornillan, en muchos casos para evitar que se aflojen los tornillos se frenan mediante chapas o se cosen las cabezas de los tornillos entre sí con alambre.

2.8.2. Fijación de ruedas y poleas mediante clavijas

En este caso, el extremo del eje y la rueda o polea llevan un taladro. Al montar la polea sobre el eje, se hace coincidir los taladros de ambos, pasando por los taladros la clavija que los hace solidarios, permitiendo el paso del movimiento del eje a la polea reenviándolo a través de la correa.

2.8.3. Fijación de ruedas y poleas mediante chaveta

En este caso, el extremo del eje va roscado, teniendo un chavetero sobre su superficie (Figura 4.42). La polea o rueda que se monta sobre él lleva practicada una canaladura que permite el paso de la chaveta, que se monta en el chavetero, haciendo solidario el eje con la rueda o polea. Una vez montados se pone una arandela y una tuerca que impide que se pueda salir la rueda o polea.

Figura 2.42. Eje con chavetero para el montaje de la polea.

2.8.4. Fijación de ruedas y poleas mediante estriados

Otro modo de transmisión del movimiento entre poleas, ruedas y ejes es mediante los ejes estriados. En este caso, el eje está estriado (Figura 2.43) ajustando perfectamente sobre el estriado de la rueda o polea, uno de los estriados es macho y el otro hembra. Para impedir que la polea o rueda se pueda salir lleva un pasador, chaveta o tornillo que lo fija.

Figura 2.43. Eje estriado.

2.9. HERRAMIENTAS MANUALES, ELÉCTRICAS Y NEUMÁTICAS

Las herramientas manuales son utilizadas en el desmontaje y montaje de elementos y conjuntos mecánicos, eléctricos y de la carrocería.

El sistema más utilizado de ensamblado de los elementos es el atornillado, utilizándose los distintos tipos de llaves para apretar y aflojar las tuercas y los tornillos proporcionando el par de giro adecuado. Se fabrican llaves de muchos tipos para poder ser utilizadas según las necesidades y particularidades de cada caso, describiéndose a continuación las de uso más corriente:

- Llaves de medida fija:
  - Llaves fijas.
  - Llaves de estrella:
    - Llaves de estrella planas.
    - Llaves de estrella planas abiertas
    - Llaves de estrella planas con carraca.
    - Llaves de estrella acodada.
    - Llaves de estrella de media luna.
  - Llaves mixtas:
    - Llaves mixtas cerradas.
    - Llaves mixtas abiertas.
    - Llaves mixtas con carraca.
  - Llaves de tubo.
  - Llaves de vaso:
    - Juegos de llaves de vaso.
    - Llaves de vaso articuladas.
  - Llaves Torx.
  - Llaves Allen.
  - Llaves de pipa.
  - Llaves de cuadradillo.
  - Llaves de cruz.
- Llaves ajustables:
  - Llave inglesa.
  - Llave de cremallera.
  - Llave de grifa.
  - Llave de cadena.

2.9.1. Llaves de medida fija

Las llaves fijas se fabrican de acero al cromo-vanadio siendo su cuerpo estampado. Pueden tener una boca o dos bocas (Figura 2.44), siendo las más corrientes las de dos bocas, una en cada extremo, utilizándose para apretar y aflojar tornillos y tuercas hexagonales y cuadradas. La medida de la llave va marcada en las proximidades de sus bocas y esta medida es la distancia que existe entre las caras de la boca. Se fabrican en milímetros (Figura 2.44) o en pulgadas.

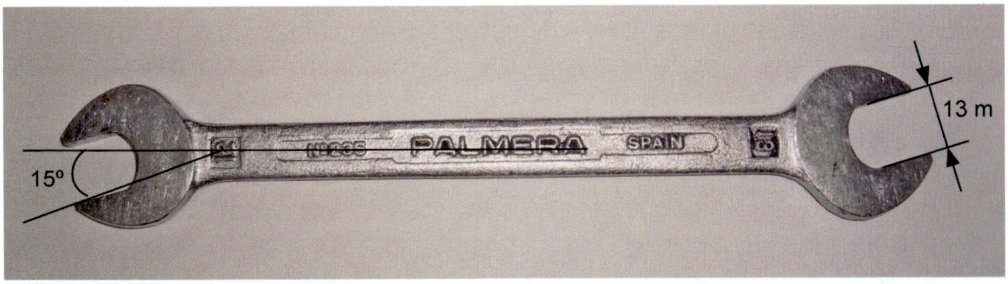

Figura 2.44. Llave fija de dos bocas.

Las bocas de estas llaves forman un ángulo de 15° con respecto al eje del cuerpo para facilitar su manipulación en espacios reducidos, efectuándose el apriete de un tornillo en un ángulo de 30°, al poder girar la llave sobre sí misma. Las medidas más usuales en que se fabrican las llaves van de la 6-7 a la 30-32, suministrándose normalmente en juegos (Figura 2.45).

Figura 2.45. Juego de llaves planas.

■ Llaves de estrella

Las llaves de estrella son llaves fijas, normalmente de cabeza cerrada. Se fabrican de acero al cromo-vanadio, forjado en estampa, con medidas de boca de precisión. Las bocas interiormente están constituidas por un hexágono o por un doble hexágono (Figura 2.46), desplazados treinta grados entre sí. Las bocas formadas por un hexágono tienen la ventaja de que al ser la superficie de contacto sobre los seis lados, pueden transmitir un gran esfuerzo sin que se redondeen las aristas de las tuercas o de la cabeza del tornillo por resba-

Figura 2.46. Llave de estrella plana.

lamiento de la llave sobre ellas, tienen el inconveniente de que el espacio mínimo para poder trabajar es de 60° o de 30° en las de doble hexágono.

Las llaves de estrella tienen la ventaja con respecto a las fijas que pueden transmitir mayores esfuerzos sin que resbalen, al transmitir el par de giro en todo el contorno de la tuerca o cabeza del tornillo, siendo más lentas al efectuar el apriete, ya que al ser cerradas hay que introducirlas en la cabeza del tornillo. Las medidas de las llaves van marcadas en las proximidades de sus bocas y se fabrican en milímetros y en pulgadas. Según la forma de su cuerpo se clasifican en: llaves de estrella planas, llaves de estrella planas abiertas, llaves de estrella planas con carraca, llaves de estrella acodada, llaves de estrella de media luna.

Llaves mixtas o combinadas

Estas llaves tienen una boca de estrella y otra fija, teniendo la misma medida las dos bocas, se fabrican de acero al cromo-vanadio estampado con acabado cromado, teniendo generalmente el cuerpo con una sección en forma de doble T, lo que hace que tengan una gran resistencia a la torsión y una buena transmisión de fuerza. La boca plana forma un ángulo de 15° con respecto al cuerpo de la llave. La gran ventaja a la hora de su utilización es que reúnen las características de las llaves planas y de estrella (Figura 2.47). Se suelen suministrar formando juegos.

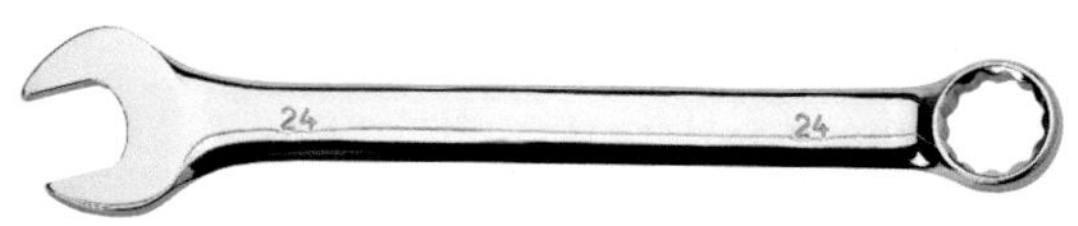

Figura 2.47. Llave mixta o combinada.

Una variante de estas llaves son las que en la boca de estrella tienen incorporado un sistema de carraca, lo que agiliza el trabajo y facilita efectuar el apriete en espacios muy reducidos, siendo suficiente con 5° de giro.

Llaves de tubo

Estas llaves están constituidas por un cuerpo normalmente de forma hexagonal, fabricándose también con forma tubular, en cuyos extremos llevan dos bocas que tienen diferentes medidas (Figura 2.48), adaptándose perfectamente a las tuercas y cabezas de tornillos. Se fabrican de acero al cromo-vanadio.

Figura 2.48. Llave de tubo.

El cuerpo de la llave interiormente es hueco para facilitar el trabajo sobre espárragos y tornillos que sobresalen, al tener forma exterior hexagonal facilita el poder actuar sobre él con una llave fija para efectuar el apriete, además en las proximidades de sus extremos lleva dos orificios que permiten introducir por ellos un pasador para facilitar su accionamiento.

Los juegos de llaves van normalmente de la 6-7 a la 30-32, fabricándose también en otras medidas.

■ Llaves de pipa

Se fabrican de acero forjado al cromo-vanadio, están constituidas por una barra doblada a 85° y en cuyos extremos lleva dos bocas de la misma medida (Figura 2.49), interiormente tienen forma de hexágono o de doble hexágono, para ajustarse perfectamente a las caras de las tuercas y los tornillos, algunas marcas ponen una boca hexagonal en el lado de mango largo y de doble hexágono en el lado de mango corto. Al tener sus mangos distinta longitud, la posibilidad de trabajo de sus bocas está en función de la accesibilidad y del esfuerzo a realizar.

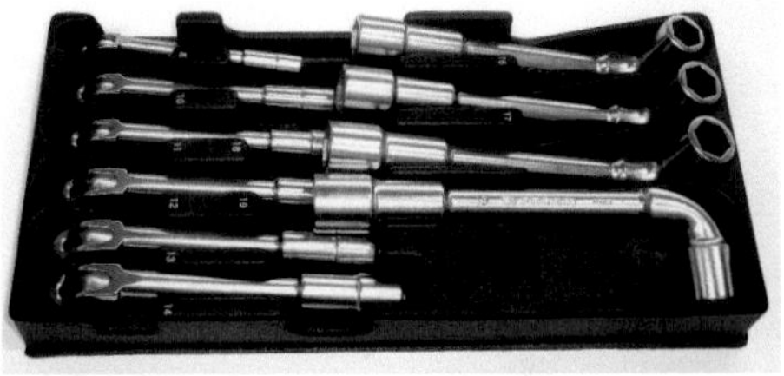

Figura 2.49. Juego de llaves de pipa.

Se fabrican en juegos que suelen ir de la 6-7 a la 30-32.

■ Llaves de cuadradillo

Estas llaves están constituidas por una barra que tiene una sección cuadrada, perfectamente calibrada en toda su longitud, son de acero al cromo-vanadio, están dobladas en uno de sus extremos formando un ángulo de 75° (Figura 2.50). Una de sus principales aplicaciones es el desmontaje y montaje de los tapones de cárteres de los motores, cambios, diferenciales, etcétera.

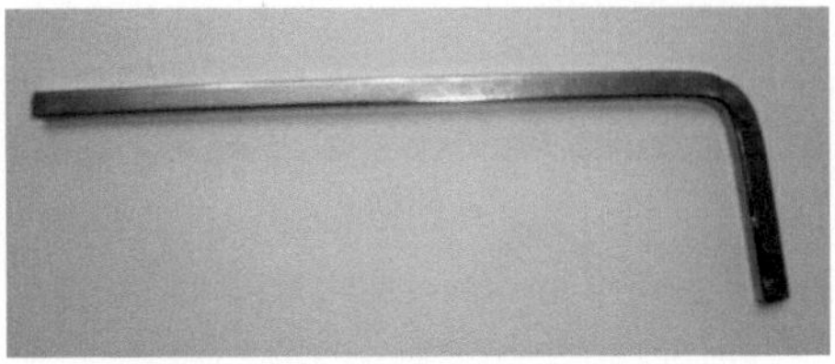

Figura 2.50. Llave de cuadradillo.

■ Llaves de vaso

Las llaves de vaso se fabrican en acero al cromo-vanadio, como su nombre indica tienen forma de vaso cilíndrico, por una de sus caras tienen una forma interior de hexágono o doble hexágono (Figura 2.51), aunque también se fabrican algunos modelos con ocho lados que se adaptan perfectamente a las caras de las tuercas y los tornillos, por la otra cara tienen una hendidura en forma de cuadradillo, en el que encaja el mecanismo para realizar su giro, la medida de estos cuadradillos se da en pulgadas, siendo las más corrientes de 1/4, 3/8 y 1/2 pulgadas.

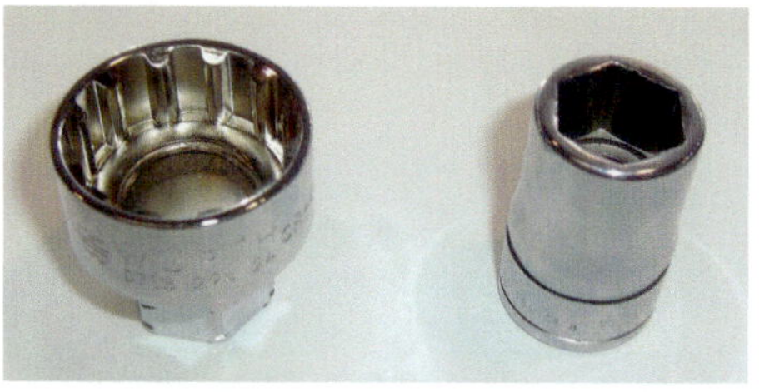

Figura 2.51. Llaves de vaso.

Figura 2.52. Juego de llaves de vaso.

Los elementos de accionamiento de las llaves de vaso llevan un sistema fiador sobre el cuadradillo, para evitar que se caiga el vaso por su propio peso cuando está encajado, consiste en una bola accionada por un muelle que encaja en una escotadura de la llave de vaso o de los prolongadores.

Las llaves de vaso se suministran en juegos con un número variable de bocas (Figura 2.52). En los juegos además de las llaves de vaso vienen prolongadores, carracas con sentido de giro reversibles, accionadores, etcétera.

En la actualidad, se fabrican cajas que contienen juegos de llaves de vaso de 1/4 y 1/2 pulgadas de cuadradillo y los elementos para poder efectuar su accionamiento, y una amplia serie de vasos y puntas variadas, de esta forma se consigue reunir en un solo juego la herramienta necesaria para poder realizar la mayoría de los trabajos básicos, en el sector de mantenimiento de vehículos, sin tener que recurrir a otros elementos (Figura 2.53).

Figura 2.53. Caja de llaves de vaso combinada.

Las llaves de vaso también se fabrican con mango y articuladas.

■ Llaves Allen

Las llaves Allen están constituidas por una barra con forma de hexágono regular, doblada en uno de sus extremos a 90°, teniendo distinta longitud los lados. Normalmente, se suministran en juegos y su medida suele ir de los 2 mm a los 10 mm, la medida de la llave es la distancia que existe entre dos caras enfrentadas del hexágono que las constituyen (Figura 2.54). Estas llaves se fabrican con distintas longitudes de barra, utilizándose en función de la potencia a transmitir y del trabajo a efectuar.

Algunas de estas llaves terminan en su extremo en forma esférica para facilitar su introducción en el alojamiento de la cabeza del tornillo.

Figura 2.54. Juego de llaves Allen.

■ Llaves Torx

Estas llaves están constituidas por una barra cilíndrica que en sus extremos termina en una estrella de seis puntas. Al igual que las anteriores están dobladas formando un ángulo de 90°, teniendo sus lados diferentes longitudes. Se suministran en juegos (Figura 2.55).

También se fabrican de tipo destornillador, lo que permite realizar los aprietes a mayor velocidad, transmitiendo menor potencia de apriete (Figura 2.56).

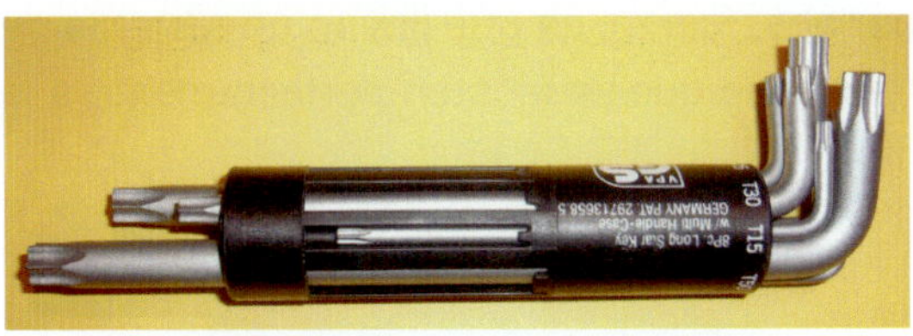

Figura 2.55. Juego de llaves Torx.

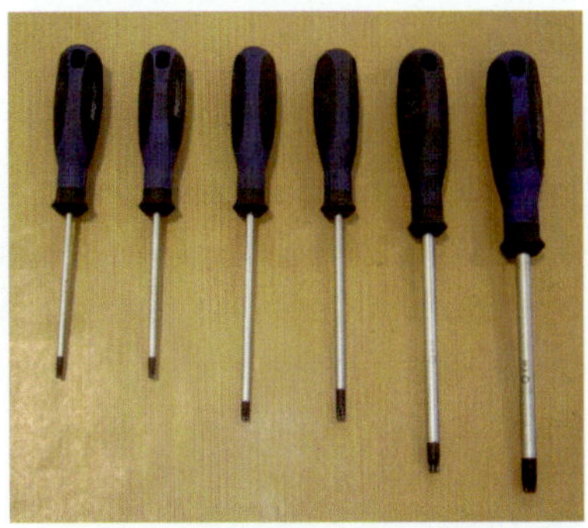

Figura 2.56. Llaves Torx con mango.

2.9.2. Llaves ajustables

Las llaves ajustables se utilizan para distintos trabajos, permitiendo adaptarse a diferentes tamaños de elementos para realizar su apriete y aflojado. Las llaves ajustables más utilizadas son las siguientes:

■ Llave inglesa

Esta llave está constituida por dos caras paralelas que constituyen su boca, una de ellas es fija y la otra móvil para variar la separación entre ellas y poderse ajustar a diferentes medidas de tuercas y tornillos. El desplazamiento de la cara móvil se realiza mediante un tornillo helicoidal (sistema de tornillo sin fin) (Figura 2.57) o también pueden ser con sistema de husillo, que cuando se hace girar desplaza la boca móvil.

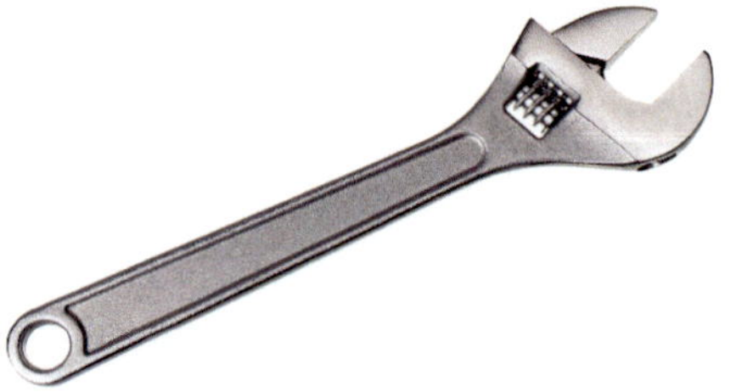

Figura 2.57. Llave inglesa de tornillo helicoidal.

El esfuerzo al apretar tuercas y tornillos debe efectuarse sobre la cara fija para evitar el deterioro de la llave.

■ Llave grifa

Esta llave se utiliza fundamentalmente para sujetar tubos y superficies redondas, está constituida por dos mandíbulas con sus superficies estriadas para efectuar un agarre mejor y evitar su deslizamiento, una de ellas es móvil, formando la fija parte del cuerpo de la llave, la abertura o cierre de sus bocas se efectúa por medio de un tornillo sin fin que desplaza a la mandíbula móvil (Figura 2.58).

Figura 2.58. Llave grifa.

La llave, al ajustarla sobre la pieza, se pondrá la abertura de sus mandíbulas en el sentido en el que se va a efectuar el esfuerzo, ya que llevan un sistema de articulación que al efectuar el apriete hace que se ajusten perfectamente a la superficie evitando su deslizamiento.

■ Llave de cadena

Se utiliza para sujetar piezas redondas mediante una cadena y un trinquete que encaja sobre ella al efectuar el apriete (Figura 2.59). Para poder aflojar la llave una vez efectuado el apriete de la pieza hay que vascular el trinquete para liberar la

Figura 2.59. Llave de cadena articulada.

cadena. Existen llaves de este tipo con el mango articulado para poder trabajar con ellas en espacios reducidos.

2.9.3. Destornilladores

Estas herramientas están constituidas por una barra de acero al cromo-vanadio que termina en una punta que encaja en la ranura de la cabeza de los tornillos, en el lado opuesto llevan un mango que puede ser de madera o plástico, a través de él se transmite el giro para realizar el montaje o desmontaje de los tornillos, permitiendo efectuar el giro con cierta rapidez, pero con escasa fuerza al tener poco brazo de palanca. Se fabrican en distintos tamaños y los más corrientes se fabrican con bocas planas, de estrella y Torx. También se suministran formando juegos con distintas bocas y tamaños (Figura 2.60).

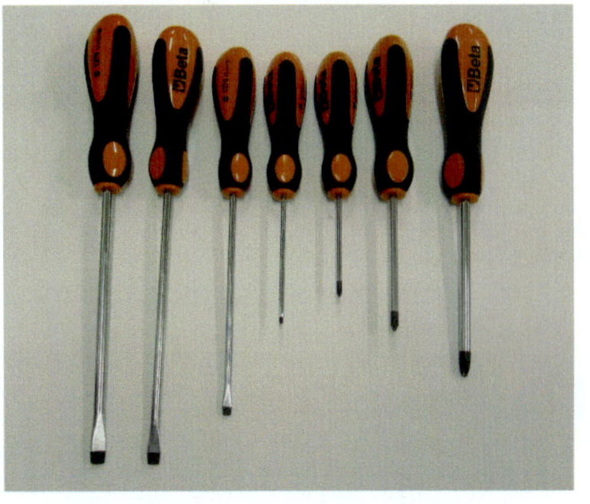

Figura 2.60. Destornilladores planos y de estrella.

2.9.4. Herramientas manuales de sujeción

Estas herramientas sirven para sujetar o retener piezas con las que vamos a trabajar, se suelen utilizar también para realizar el desmontaje y montaje de elementos que sirven de sujeción y retención a los mecanismos y piezas.

Las herramientas de sujeción más utilizadas en el taller son los alicates y las mordazas.

■ Alicates

Son herramientas que sirven para sujetar, doblar pequeñas chapas, cortar y efectuar el desmontaje y montaje de pequeños elementos y arandelas elásticas. Los alicates más utilizados son: alicates universales, alicates de bocas planas, alicates de bocas redondas, alicates de puntas de cigüeña recta y curva. Se fabrican de acero al cromo-vanadio, forjado en estampa y templado en aceite en la mayoría de los casos. A continuación, se van a describir los más utilizados:

- **Alicates universales:** están constituidos por dos piezas denominadas brazos, las cuales están unidas en un punto sobre el que giran un ángulo determinado y que permite su abertura (Figura 2.61).

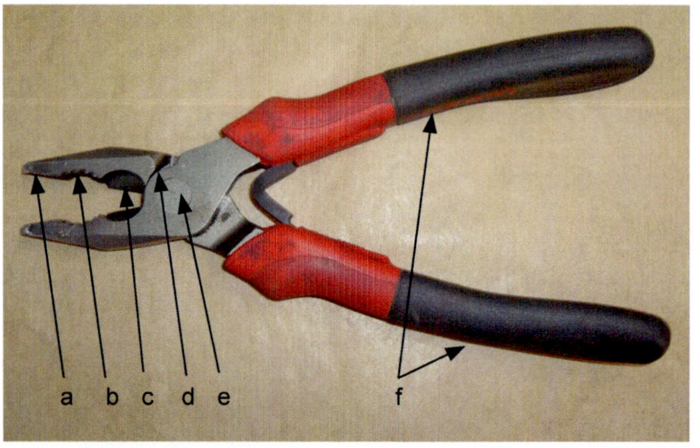

Figura 2.61. Partes de un alicate universal.

En los alicates universales podemos distinguir las siguientes partes:

a) Mordazas que se utilizan para sujetar piezas de reducidas dimensiones.

b) Se utiliza para sujetar fundamentalmente pequeños tubos y piezas redondas o esféricas.

c) Se utiliza para cortar alambres, hilos y cables de reducido diámetro.

d) Pequeña cizalla que se utiliza para cortar alambres, clavos, etcétera.

e) Eje sobre el que giran sus brazos para permitir la apertura y cierre de los alicates.

f) Parte de los brazos por donde se cogen y se ejerce la presión para efectuar la sujeción o corte, suele venir recubierta de materiales sintéticos para facilitar su agarre, cuando está recubierta de material aislante permite trabajar con ellos en circuitos que tienen tensión.

- **Alicates de boca plana** (Figura 2.62): como su nombre indica sus bocas son planas y más largas y estrechas que los universales lo que facilita el poder trabajar con ellos en zonas de difícil acceso, se utilizan para sujetar piezas de reducidas dimensiones y para doblar chapas, alambres y varillas de poco espesor en distintos ángulos.

Figura 2.62. Alicates de boca plana.

- **Alicates de boca redonda** (Figura 2.63): las bocas de estos alicates son de forma redonda y tienen distinta sección a lo largo de su longitud, siendo más finas en la punta, lo que permite dar forma circular o redonda con distintos diámetros a alambres, conductores y chapas pequeñas y estrechas.

Figura 2.63. Alicates de boca redonda.

- **Alicates de boca pico de cigüeña:** estos alicates son una mezcla de los alicates universales y los planos, sus bocas son más largas y finas, interiormente su forma es plana, siendo redonda por su parte exterior, en sus bocas llevan una zona estriada para sujetar piezas redondas y una zona que permite el corte de alambres y conductores de pequeña sección. Al ser sus bocas alargadas y estrechas facilitan el trabajo en zonas con poco acceso o reducidas. Una variante de estos alicates se fabrica con sus bocas curvadas a 40° (Figura 2.64).

Figura 2.64. Alicates de boca pico de cigüeña con puntas curvadas.

- **Alicates de corte (cortaalambres)** (Figura 2.65): las bocas de estos alicates tienen forma de cizalla de corte recto o frontal (transversal al eje del alicate) y se utilizan para cortar cables, hilos, clavos y alambres de poca sección.

Figura 2.65. Cortaalambres.

- **Alicates para anillos elásticos** (*circlips*, *seiger*, etc.): sus bocas son redondas alargadas y cónicas, teniendo un rebaje en su punta para facilitar su introducción en los orificios de los anillos elásticos y suelen llevar un muelle en su parte central para mantener la posición de reposo.

  Se fabrican de abrir y cerrar, de puntas rectas y de puntas curvas:

  - Alicates de puntas rectas de exteriores (Figura 2.66): al ejercer presión sobre sus brazos sus bocas se separan. Se utilizan para el montaje de arillos elásticos de exteriores.

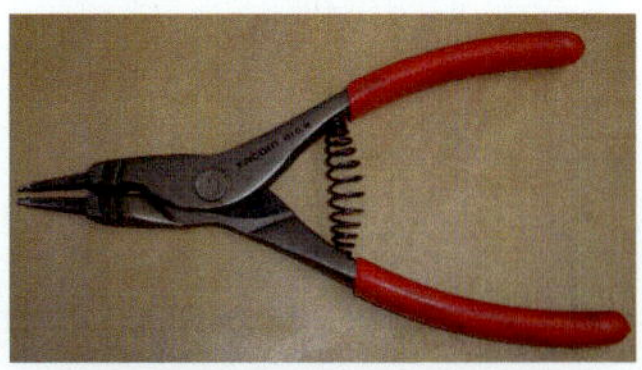

Figura 2.66. Alicates de puntas rectas de exteriores.

  - Alicates de puntas curvas de exteriores (Figura 2.67): son similares a los anteriores, sus bocas están curvadas a 40°, lo que facilita el montaje de arillos elásticos de exteriores sobre ejes en profundidad o altura y en sitios de difícil acceso.

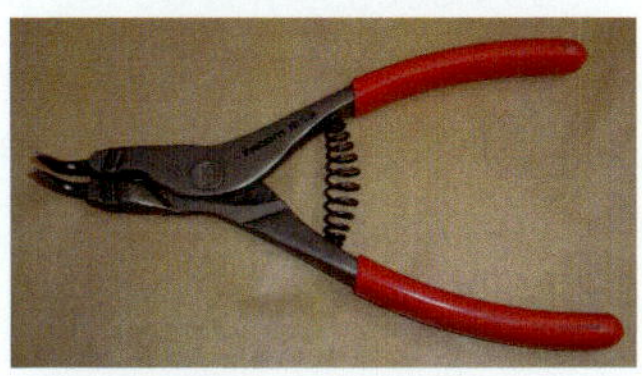

Figura 2.67. Alicates de puntas curvas de exteriores.

  - Alicates de puntas rectas de interiores: al ejercer presión sobre sus brazos sus bocas se cierran. Se utilizan para el montaje de anillos elásticos de interiores.
  - Alicates de puntas curvas de interiores: son similares a los anteriores, sus bocas están curvadas a 40°, lo que facilita el montaje de arillos elásticos de interiores en profundidad o sitios de difícil acceso.

- **Tenazas** (Figura 2.68): se fabrican en acero especial para herramientas, forjado en estampa y templado al aceite. Su constitución es similar a los alicates, pero su boca es transversal al eje del mango. Se utilizan para sujetar piezas, cortar alambre, sacar clavos, etcétera.

Figura 2.68. Tenazas.

Mordazas

Las mordazas son herramientas especialmente diseñadas para utilizarlas en la sujeción e inmovilización de piezas. Existen distintos tipos, estando su uso supeditado al trabajo a realizar.

Las mordazas más utilizadas son las mordazas regulables y las mordazas de presión.

- **Mordazas regulables** (Figura 2.69): estas herramientas son conocidas también como alicates regulables. Se utilizan para la sujeción de piezas. Están constituidas por dos brazos que terminan en una boca estriada por donde se sujetan las piezas, uno de los brazos tiene una doble curvatura, en su parte central entre las dos curvas lleva una corredera constituida por una serie de taladros unidos entre sí, sobre la que se desplaza el eje para efectuar la apertura de sus bocas a diferentes medidas.

Figura 2.69. Mordazas regulables.

- **Mordazas de presión (*grip*)**: son herramientas de sujeción autoblocantes. Se utilizan para sujetar e inmovilizar piezas. Ejercen una presión importante, debido a las fuerzas que transmiten sus palancas y que actúan sobre sus bocas, una de las palancas apoya sobre un tornillo regulable que varía la apertura de sus bocas (Figura 2.70). Se fabrican con diferentes tipos de bocas para adaptarse a diferentes trabajos de sujeción. Hay mordazas de presión que además de variarse la apertura de las bocas mediante un tornillo llevan un sistema de corredera, lo que aumenta la abertura de sus bocas.

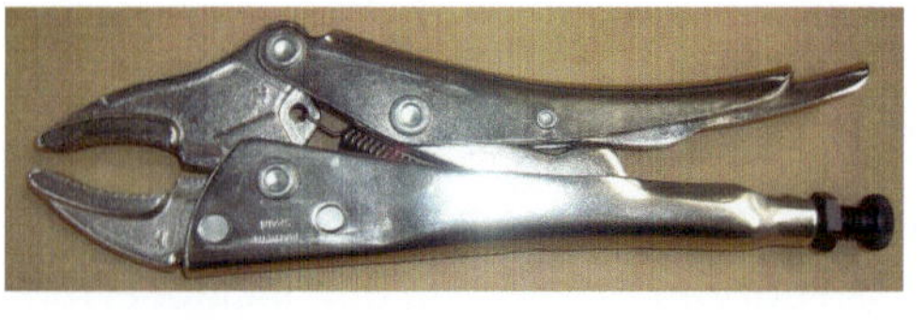

Figura 2.70. Mordaza de presión.

2.9.5. Herramientas manuales de golpeo y de impacto

Estas herramientas sirven para golpear sobre piezas, mecanismos o sobre otras herramientas, que trabajan al efectuarse un impacto sobre ellas. Las más corrientes son: matillos, mazos, botadores y granetes.

Los **martillos** son herramientas que sirven para golpear sobre elementos o sobre otras herramientas. Se fabrican con infinidad de formas y de tipos, su utilización está en función del trabajo a desarrollar.

El **martillo de bola** (Figura 2.71) está formado por la cabeza y el mango, en la cabeza está el ojo en su parte central, donde se monta el mango, uno de sus extremos está formado por una media esfera. Se utiliza para dar formas o para golpear sobre elementos con formas esféricas o curvas internamente, el otro extremo tiene forma cilíndrica y la parte frontal es plana, esta parte se utiliza para golpear sobre superficies, sobre útiles y herramientas y para realizar montajes y desmontajes.

Figura 2.71. Martillo de bola.

Las **mazas** son herramientas que se utilizan para golpear. Al igual que los martillos, están constituidas por la cabeza y el mango (Figura 2.72). La cabeza se fabrica con materiales sintéticos, o con determinados materiales metálicos blandos (caucho, nailon, poliuretano, madera, cobre, entre otros). Se utilizan para golpear sobre superficies acabadas, en las que no deben quedar señales o marcas, o que no puedan sufrir transformaciones físicas por efecto del golpeo.

Figura 2.72. Maza con bocas de nailon.

2.9.6. Herramientas manuales eléctricas y neumáticas

Las herramientas manuales eléctricas utilizan para su funcionamiento y puesta en marcha la energía eléctrica, por lo que es necesario disponer de una instalación adecuada donde poderlas conectar.

Para las herramientas manuales neumáticas es necesario disponer de un compresor con instalación de aire a presión para su funcionamiento.

En el sector de mantenimiento de vehículos se utilizan herramientas manuales eléctricas y neumáticas, siendo algunas de las más utilizadas las que aparecen en la Tabla 2.1.

Tabla 2.1. Herramientas más utilizadas en el mantenimiento del vehículo

Nombre	Utilización	Imagen
Taladradora eléctrica manual	Se utiliza para realizar taladros. Muchas de ellas tienen dos velocidades y percusión. Las taladradoras también se fabrican de tipo neumático.	
Cizalla manual eléctrica	Se emplea para cortar chapa.	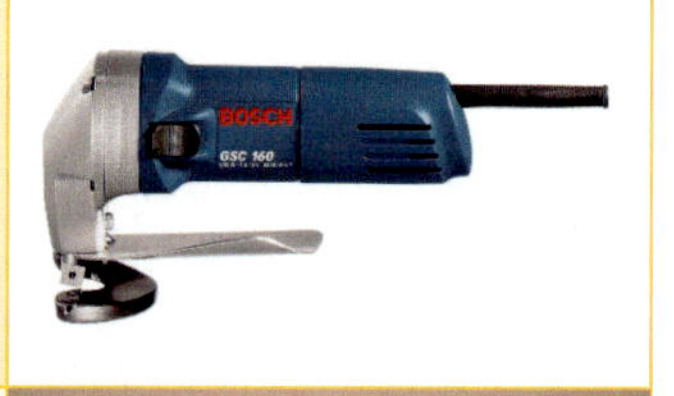
Sierra neumática de vaivén	Se utiliza fundamentalmente para cortar las piezas de chapa en las sustituciones parciales.	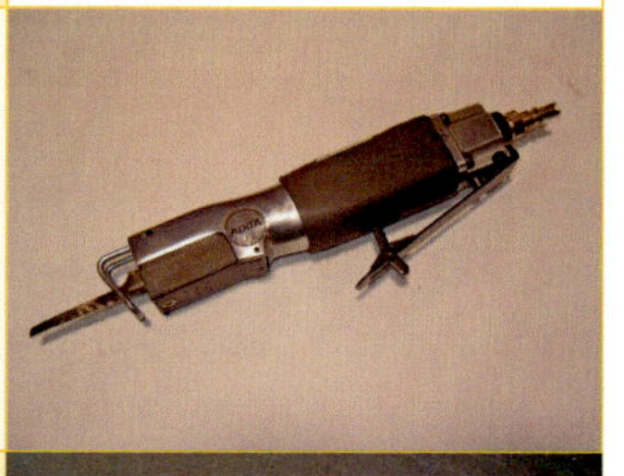
Pistola neumática con el cincel montado	Empleada para cortar elementos metálicos (fundamentalmente en las sustituciones de elementos de chapa), para quitar puntos de soldadura y en todas las operaciones que es necesario utilizar el cincel para cortar elementos.	
Llave (pistola) neumática de impacto	Se utiliza para el desmontaje y montaje de elementos atornillados. Tiene ajuste del par de apriete.	
Lijadora neumática	Utilizada en el decapado y preparación de superficies.	

ACTIVIDADES FINALES

2.1. ¿A qué se denomina rosca?

a) A las rayas verticales que se realizan a lo largo del tornillo.

b) Al prisma o filete que se construye en forma de hélice sobre un cilindro, este cilindro forma el núcleo del tornillo.

c) A la tuerca.

d) A la distancia entre la cola y la cabeza del tornillo.

2.2. ¿Qué se define como paso en una rosca métrica?

a) Es la longitud del tonillo.

b) Es el diámetro nominal del tornillo.

c) Es el diámetro interno del tornillo.

d) Es la distancia que existe entre dos filetes consecutivos.

2.3. ¿Qué tipos de arandelas existen?

a) Arandelas de protección y de seguridad.

b) Arandelas de protección y antidaños.

c) Arandelas de protección y antirrobo.

d) Arandelas de seguridad y *grower*.

2.4. Los pernos son:

a) Son pasadores cilíndricos que permiten el movimiento de giro de las piezas sobre ellos.

b) Son pasadores elásticos.

c) Son pasadores de seguridad.

d) Son pasadores de alas.

2.5. ¿En qué orden se pasan los machos para hacer una rosca?

a) Primero el cilíndrico, después el semicónico y por último el cónico

b) Primero el cónico, después el semicónico y por último el cilíndrico.

c) Primero el semicónico, después el cónico y por último el cilíndrico.

d) Da igual el orden en que se pasen si se utilizan los tres.

2.6. ¿A qué se denomina par de apriete?

a) Es la fuerza que hacemos al taladrar.

b) Es la fuerza que hacemos al pasar la terraja para hacer la tuerca.

c) Es la fuerza que hacemos al cortar una varilla.

d) Es la fuerza con la que se debe de apretar un tornillo o una tuerca.

2.7. Describe brevemente para qué se utilizan las abrazaderas de tornillo sin fin (tipo europeo) y de tornillo y tuerca (tipo americano).

____

____

____

____

2.8. ¿Cuáles son los tipos de anillos de presión que existen?

a) Cónicos, cilíndricos y elásticos.

b) Rectos, curvos y en espiral.

c) Rígidos y flexibles.

d) Interiores y exteriores.

2.9. ¿Qué tipo de bocas tienen las llaves fijas o combinadas?

a) Dos bocas de estrella.

b) Una boca de estrella y otra fija.

c) Dos bocas fijas.

d) Estas llaves no existen.

2.10. Indica qué tipo de alicates de los indicados a continuación existen:

a) Los alicates universales.

b) Los alicates de puntas redondas.

c) Los alicates de puntas planas.

d) Todas las respuestas anteriores son correctas, porque existen todos los alicates que se mencionan.

3. Nociones de dibujo e interpretación de planos

Contenidos

INTRODUCCIÓN

En esta unidad veremos las nociones de dibujo e interpretación de planos. Para ello estudiaremos las técnicas de dibujo técnico básico utilizado en la realización de polígonos regulares, representaciones ortogonales con la proyección de sus vistas, secciones, simbología, acotación, croquización, normativa de dibujo técnico, así como el trazado sobre materiales, técnicas y útiles. Todos estos elementos son necesarios para la representación y elaboración de croquis y planos en los trabajos de mantenimiento de vehículos.

También veremos la utilización de los manuales técnicos de taller y los códigos y referencias de piezas.

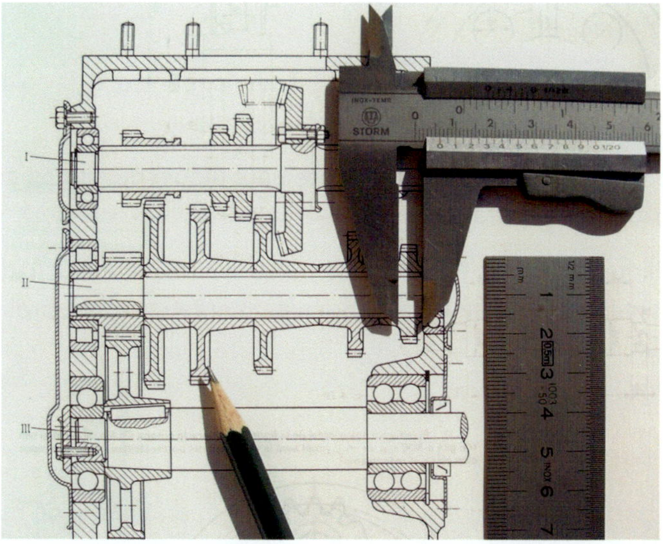

3.1. SISTEMA DIÉDRICO: ALZADO, PLANTA, PERFIL Y SECCIONES

Tenemos que entender que el dibujo técnico o representación gráfica es el procedimiento utilizado para representar y transmitir la forma y dimensiones exactas de un objeto.

Antes de empezar con los tipos de sistemas que existen y basarnos en el sistema diédrico, vamos a conocer los útiles y el manejo de los elementos necesarios para realizar el dibujo técnico.

3.1.1. Conocimiento y manejo de los útiles de dibujo

A continuación, se presentan los elementos necesarios para realizar el dibujo técnico.

Papel

El papel es una hoja delgada, realizada con fibras vegetales como la madera, pulpa de cáñamo, paja de arroz, esparto, etc. Estas materias se muelen, se blanquean, se secan y endurecen, obteniéndose diferentes tipos de acabados de papel como: papel alisado, satinado o cartulina, dependiendo de su espesor, como se muestra en la Figura 3.1.

Figura 3.1. Diferentes tipos de papel utilizados en dibujo técnico.

El papel se clasifica en:

- Papel blanco opaco de uso general en el dibujo técnico, o de color, de calidad algo inferior utilizado para la realización de croquis.
- Papel vegetal, utilizado principalmente para dibujo de planos por su impermeabilidad, dureza y transparencia.
- Papel milimetrado, este tipo de papel, lleva impresas unas cuadrículas divididas en milímetros y se emplea principalmente para la representación de diagramas.

Lápiz y portaminas

El lápiz y el portaminas (Figura 3.2) son útiles generalmente de madera el primero y de plástico o metal el segundo. Se utilizan en dibujo para realizar el trazo de las diferentes líneas necesarias en la representación de las formas y dimensiones de un objeto sobre papel. Los fabricantes los presentan con unas minas de diferentes características, cubriendo así las necesidades de representación en el dibujo. En la Tabla 3.1 se detalla la clasificación de las minas en función de su dureza.

Figura 3.2. Diferentes tipos de lápices y portaminas.

Tabla 3.1. Clasificación del tipo de mina en función de su dureza

Lápiz número	Clasificación	
	Muy blando	8B-6B Muy negro y muy blando
1	**Blando**	5B- Menos negro y muy blando 4B-3B Menos negro y un poco menos blando 2B = 1 Blando
2	**Mediano**	B = Intermedio entre 1 y 2 HB = 2 Mediano
3	**Duro**	F = Entre 2 y 3 H = 3 Duro
4	**Muy duro**	2H = Entre 3 y 4 3H = 4 muy duro 4H, 5H, 6H, 7H y 8H A mayor numeración, más duros y menos negros

■ Gomas de borrar

La goma de borrar suele ser de caucho o derivados de él, y se utiliza para corregir los errores producidos al realizar las líneas del dibujo. Este proceso se debe ejecutar con habilidad, para no dañar el papel en el que se está trabajando (Figura 3.3).

Las gomas se pueden clasificar en función de su dureza en:

- **Goma de borrar grafito:** esta ha de ser blanda y flexible en mayor o menor medida, dependiendo del grado de dureza del lápiz o mina.
- **Goma de borrar tinta:** tiene mayor dureza que la anterior, ya que incorpora en su masa un grano muy fino de abrasivo para desprender una finísima capa de papel, con la que arrastra la tinta allí depositada.

También podemos encontrar los portagomas con goma de recambio.

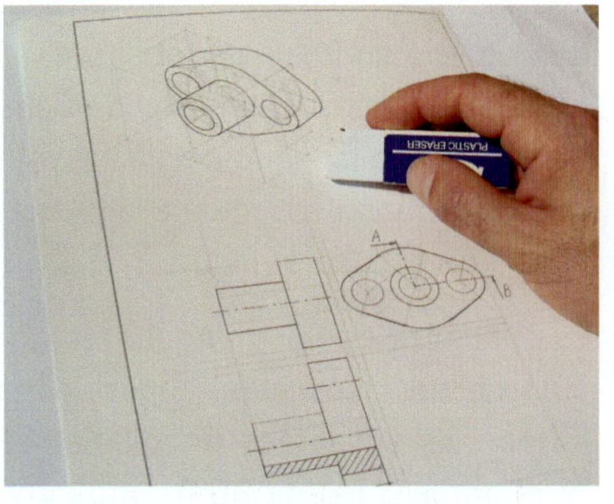

Figura 3.3. Manejo de la goma de borrar en el dibujo técnico.

■ Regla graduada y escalímetro

La **regla graduada** se suele fabricar de madera, plástico o metal con un espesor de 2 mm a 5 mm. Su longitud varía entre los 30 mm y los 100 cm y lleva grabada en milímetros la graduación y numerada en centímetros. Se emplea para trazar líneas, medir segmentos o transportar dimensiones (Figura 3.4).

El **escalímetro** es una regla graduada triangular en la que se muestran diferentes medidas a escalas determinadas. Estas suelen ser de: 1:100, 1:200, 1:250, 1:300, 1:400 y 1:500. Se utiliza para medir y transportar segmentos a diferentes escalas en croquis y planos (Figura 3.5).

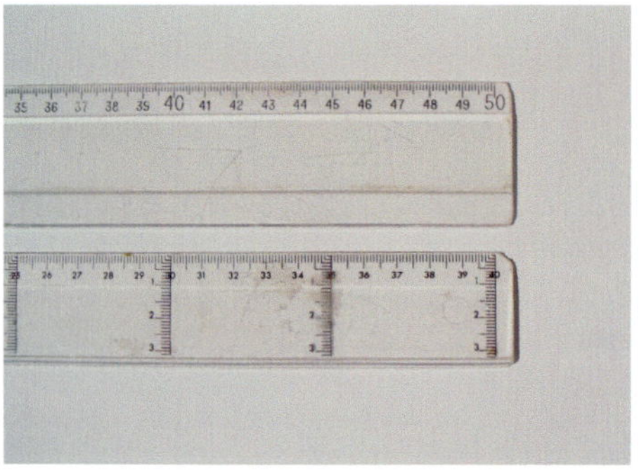

Figura 3.4. Reglas graduadas.

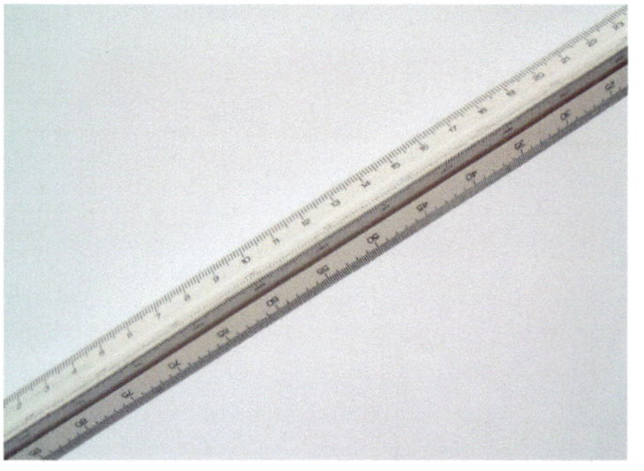

Figura 3.5. Escalímetro.

■ Juego de escuadra y cartabón

Se compone de dos elementos fabricados de madera o plástico y están graduadas en centímetros y milímetros. El juego de escuadra y cartabón debe cumplir que la longitud del cateto mayor del cartabón sea igual a la hipotenusa de la escuadra (Figura 3.6).

La **escuadra** es un triángulo rectángulo de tipo isósceles, cuyos lados forman los siguientes ángulos entre sí: el primero (a) de 90° y otros dos (b y c) de 45° (Figura 3.7).

Figura 3.6. Juego de escuadra y cartabón.

El **cartabón** es un triángulo rectángulo de tipo escaleno, formando un ángulo (a) de 90°, otro (b) de 60° y el último (c) de 30° (Figura 3.8).

La aplicación de la escuadra y el cartabón se debe realizar con suavidad y soltura, ejerciendo sobre ellas una presión suficiente para que se puedan deslizar una sobre la otra, pero cuando se realice el trazado de las líneas se evitará todo movimiento.

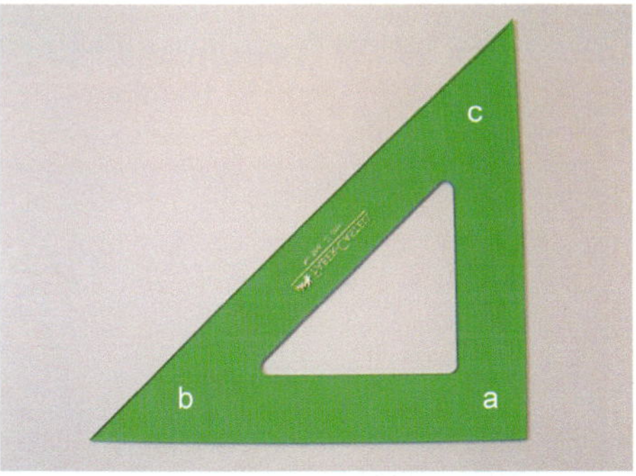

Figura 3.7. La escuadra y sus ángulos.

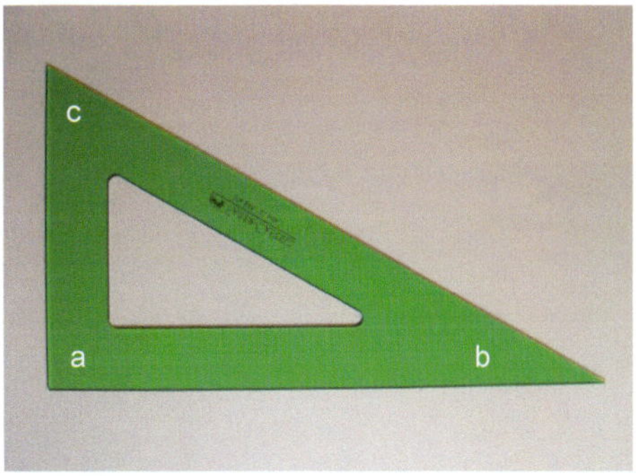

Figura 3.8. El cartabón y sus ángulos.

En el siguiente cuadro de procesos se muestra como se deben colocar estos dos elementos para obtener líneas paralelas horizontales, verticales, perpendiculares y oblicuas.

TRAZADO DE LÍNEAS CON ESCUADRA Y CARTABÓN

Líneas paralelas horizontales

Colocar el cartabón en la parte derecha con el ángulo recto en la parte superior y unir a su lateral la escuadra, formando entre las dos un ángulo recto, como se muestra en la imagen. Acto seguido trazar con el lápiz una línea recta. Después, con la ayuda de la graduación del cartabón, deslizar 5 mm hacia abajo la escuadra y volver a trazar otra línea, repetir el proceso varias veces, de esta manera se obtendrán líneas paralelas horizontales.

Líneas paralelas verticales

Colocar la escuadra en la parte superior con el ángulo recto hacía abajo y unir a su lateral el cartabón, formando entre las dos un ángulo recto, como se muestra en la imagen. A continuación trazar con el lápiz una línea recta. Después marcar con la ayuda de la graduación de la escuadra a 5 mm y volver a trazar otra línea deslizando el cartabón. Repetir el proceso varias veces, de esta manera se obtendrán líneas paralelas verticales.

TRAZADO DE LÍNEAS CON ESCUADRA Y CARTABÓN (continuación)

Líneas paralelas oblicuas

Colocar el cartabón con el ángulo recto hacía la izquierda y la graduación hacia arriba y colocar en la parte superior la escuadra, formando entre las dos un ángulo de 45º, como se muestra en la imagen. Acto seguido trazar con el lápiz una línea recta, ayudándonos de la graduación del cartabón para establecer la distancia. Después deslizar la escuadra a 5 mm, volver a trazar otra línea y repetir el proceso varias veces, de esta manera se obtendrán líneas paralelas oblicuas.

Líneas perpendiculares

Colocar la escuadra con el ángulo recto hacía arriba y a la derecha y unir a su lateral inferior el cartabón, como se muestra en la imagen. A continuación trazar con el lápiz una línea recta horizontal. Después deslizar la escuadra hacia la izquierda y arriba y volver a trazar otra línea. Repetir el proceso varias veces, de esta manera se obtendrán líneas perpendiculares.

Utilizando los ángulos de la escuadra y el cartabón, unidos o por separado, pueden formarse varios ángulos de medidas exactas, que serán muy útiles a la hora de realizar el dibujo técnico.

- **Directamente con el cartabón:** se pueden forman los siguientes ángulos: 30º, 60º, 90º, 120º y 150º (Figura 3.9).
- **Directamente con la escuadra:** se pueden obtener los siguientes ángulos: 45º, 90º y 135º (Figura 3.10).
- **Combinando escuadra y cartabón:** los ángulos que se pueden formar son los siguientes: 15º, 75º, 105º y 165º (Figura 3.11).

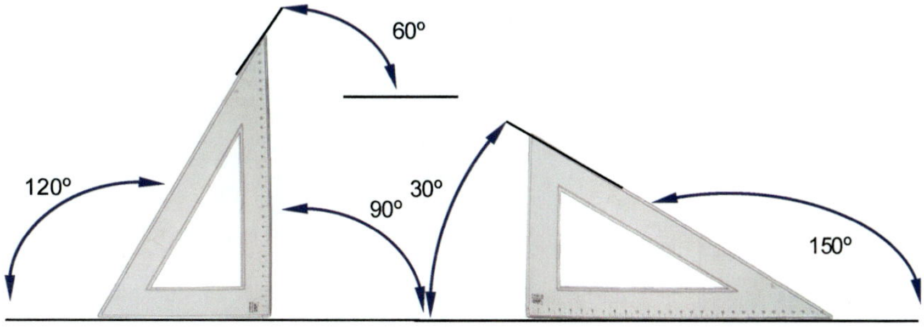

Figura 3.9. Ángulos que pueden obtenerse directamente con el cartabón.

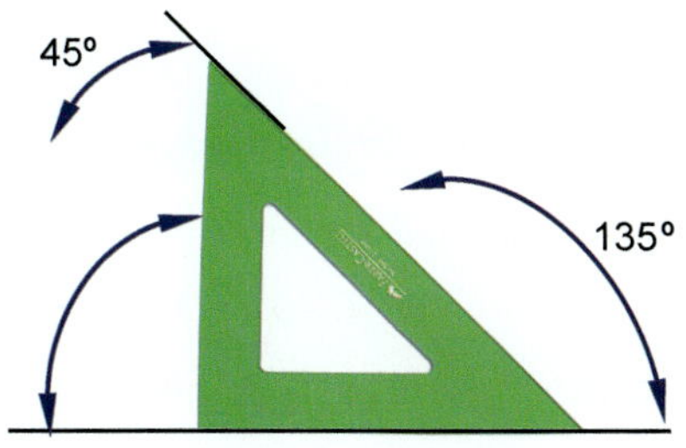

Figura 3.10. Ángulos que pueden obtenerse directamente con la escuadra.

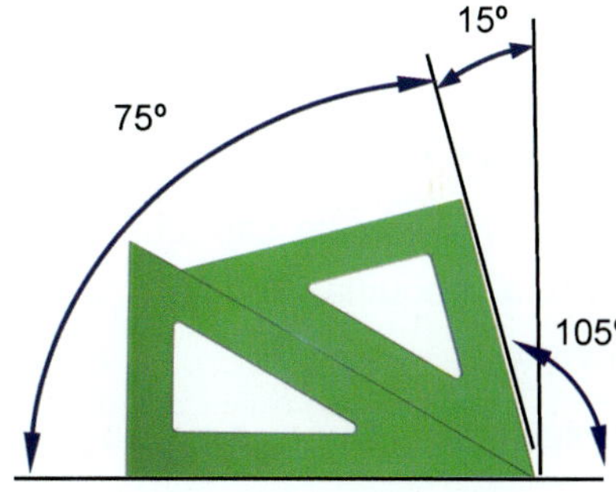

Figura 3.11. Ángulos que pueden obtenerse directamente con la combinación de una escuadra y un cartabón.

■ Transportador de ángulos

El transportador de ángulos, también llamado semicírculo (180°) o goniómetro (360°), se emplea para medir o transportar ángulos. Este útil de dibujo está dividido en grados sexagesimales o centesimales (Figura 3.12).

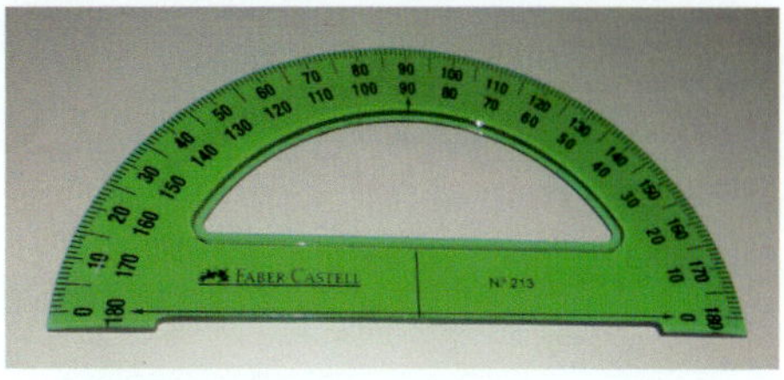

Figura 3.12. Transportador de ángulos.

Para manejar el transportador se hace coincidir la recta 0°-180° con la recta inferior del gráfico, sobre la que se quiere construir el ángulo y el punto central sobre el vértice elegido.

■ Compás

El compás es un útil de dibujo que se emplea para trazar circunferencias y arcos. Está compuesto de dos brazos articulados (Figura 3.13), en uno de ellos lleva acoplada una aguja para fijar el compás y en el otro brazo tiene un mecanismo en el que se le acopla una mina o un adaptador de pluma para la representación de la circunferencia o arco. El equipo consta de un prolongador, un tiralíneas, un acoplador y un portaminas.

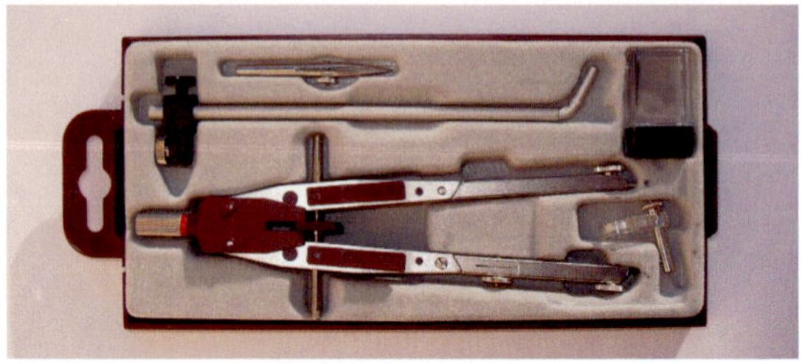

Figura 3.13. Compás.

■ Pluma para delinear y rotular

Es un instrumento parecido a una pluma estilográfica cargada de tinta que se utiliza para delinear y rotular el dibujo técnico (Figura 3.14).

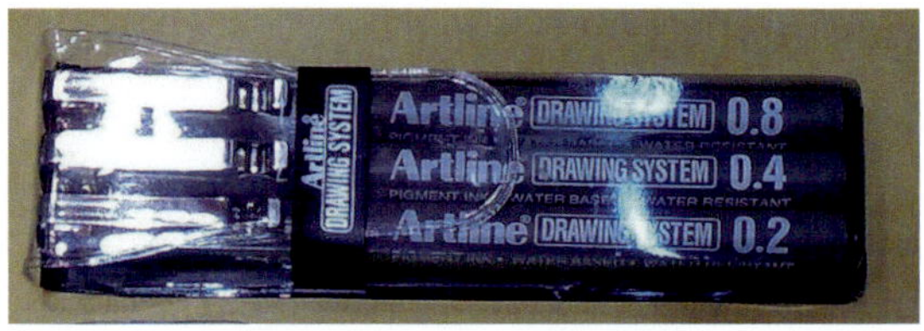

Figura 3.14. Diferentes plumas para delinear y rotular.

Está compuesto de: capuchón, puntera, boquilla, depósito y mango.

Suelen utilizarse tres o cuatro plumas de diferentes grosores: 0.2, 0.4, 0.8 y 1.0.

■ Plantillas

Las plantillas son útiles que se emplean para facilitar el trazado del dibujo técnico para representar curvas, cuadrados, elipses, circunferencias, letras, así como diferentes tipos de simbología en automoción (Figura 3.15).

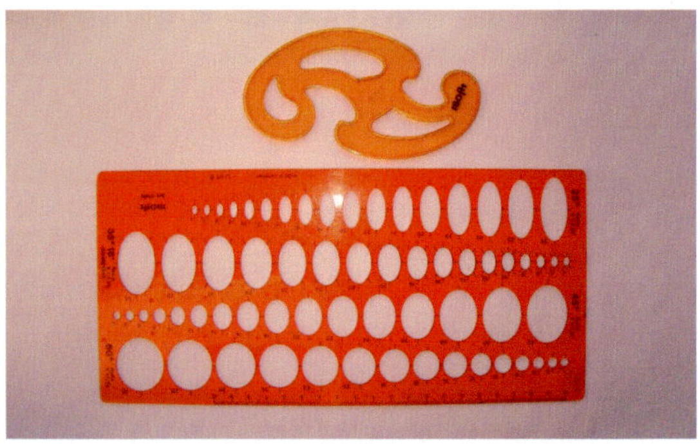

Figura 3.15. Diferentes plantillas utilizadas en dibujo técnico.

3.1.2. Concepto y designación de los elementos del dibujo

En las Figuras 3.16 a 3.22, se pueden ver todos los elementos necesarios para la realización del dibujo técnico, siendo estos los siguientes:

■ Punto

El punto es la intersección de dos rectas. Los puntos se designan por letras mayúsculas o números (A, B, C, o 1, 2, 3) y se representa mediante un círculo pequeño, un punto o los signos « +» y «X» (Figura 3.16).

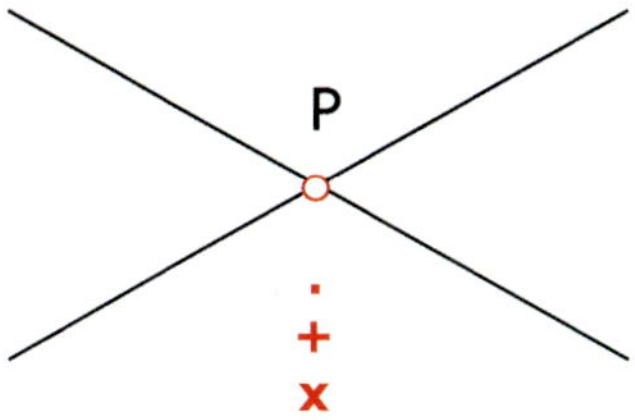

Figura 3.16. Punto.

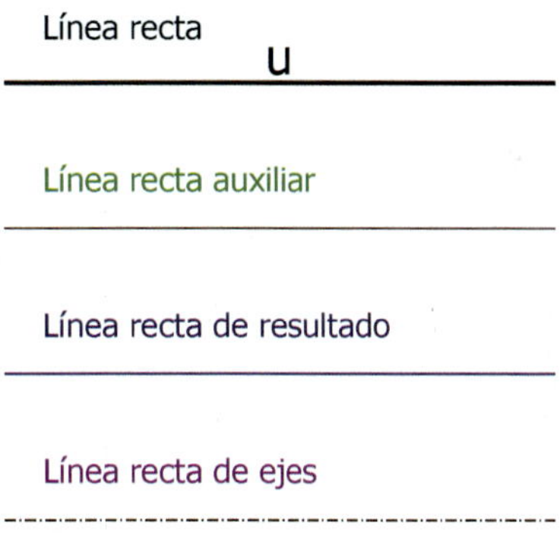

Figura 3.17. Las líneas rectas en el dibujo geométrico.

Línea recta

La línea recta es una sucesión de puntos en una misma dirección. Las líneas rectas se designan mediante letras minúsculas (a, b, c). En dibujo técnico las líneas rectas se pueden representar con diferentes tipos de grosor. Por ejemplo, para las líneas auxiliares puede tener un grosor de 0,20 mm, las de resultado de 0,80 mm y las líneas y puntos para los ejes de 0,40 mm (Figura 3.17).

Línea curva

La línea curva es una sucesión de puntos que no están en una misma dirección. La línea curva se designa mediante la letra minúscula (c) (Figura 3.18).

Figura 3.18. Línea curva.

Segmento

El segmento es una parte de la recta limitada en sus extremos. Los segmentos se designan mediante letras mayúsculas colocadas en sus extremos (AB) (Figura 3.19).

Figura 3.19. Segmento.

Semirrecta

La línea semirrecta es una línea recta limitada en un extremo. Las líneas semirrectas se designan mediante letras minúsculas (o – r) (Figura 3.20).

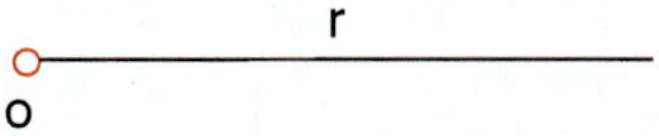

Figura 3.20. Línea semirrecta.

Ángulo

El ángulo es la proporción de plano comprendido entre dos semirrectas que tienen el mismo origen. A las dos semirrectas se las denomina lados del ángulo y al punto de intersección vértice.

Los ángulos se designan en su vértice, mediante letras mayúsculas con el símbolo de ángulo en la parte superior ($\hat{A}$), o en el arco que representa el ángulo descrito, con letras griegas minúsculas (β) (Figura 3.121).

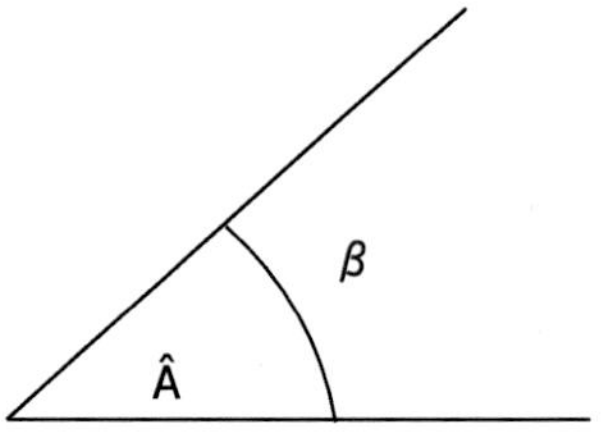

Figura 3.21. Ángulo.

Plano

El plano es la superficie formada por tres puntos no alineados, o lo que es lo mismo, un plano queda definido por dos rectas paralelas que se cortan en dos puntos con otras dos rectas también paralelas. Las planos se designan por rectas o letras griegas minúsculas ($\alpha, \beta, \gamma, \delta$) (Figura 3.22).

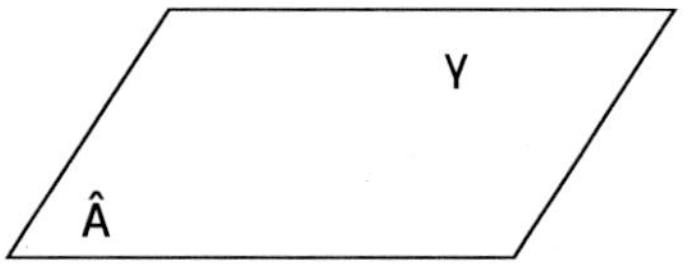

Figura 3.22. Plano.

3.1.3. Construcciones geométricas básicas

Para la correcta realización de las diferentes construcciones geométricas básicas necesitamos saber el manejo preciso de todos y cada uno de los instrumentos de dibujo, el conocimiento de los datos previos, las operaciones gráficas y el resultado obtenido al finalizar la construcción de las figuras geométricas.

A continuación se van a definir y clasificar estas construcciones geométricas básicas para su correcta realización.

Triángulos

El triángulo es el polígono de menor número de lados, y a pesar de ello, es el más importante, tanto por la gran cantidad de construcciones que se pueden plantear, como por tratarse de la figura que servirá de base para la construcción de otras más complejas, tanto planas como espaciales.

Se define como la porción de plano delimitada por tres rectas que se cortan dos a dos, o como la porción común de tres semiplanos pertenecientes a un mismo plano.

En la Figura 3.23 se puede apreciar la nomenclatura a utilizar, para designar los diferentes elementos de un triángulo. Los vértices se designarán mediante letras mayúsculas, y los ángulos correspondientes, mediante la misma letra mayúscula, pero con acento circunflejo, o un pequeño ángulo sobre la letra. Los lados se designarán mediante la misma letra del vértice opuesto, pero en minúscula.

El orden de las letras será el inverso a las agujas del reloj, y cuando se trate de triángulos rectángulos, la hipotenusa se designará con la letra «a».

Los triángulos **se clasifican** en función de la longitud de sus lados, o del valor de sus tres ángulos internos (Figuras 3.24 y 3.25).

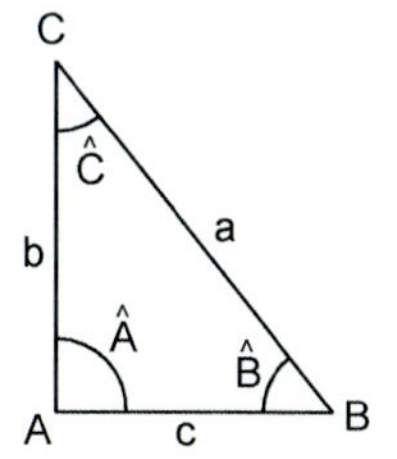

Figura 3.23. Diferentes nomenclaturas de los elementos de un triángulo.

Teniendo en cuenta la longitud de sus lados, los triángulos se denominan: equiláteros si tienen sus tres lados iguales, isósceles si tienen dos lados iguales y uno desigual, y escalenos si tienen los tres lados desiguales.

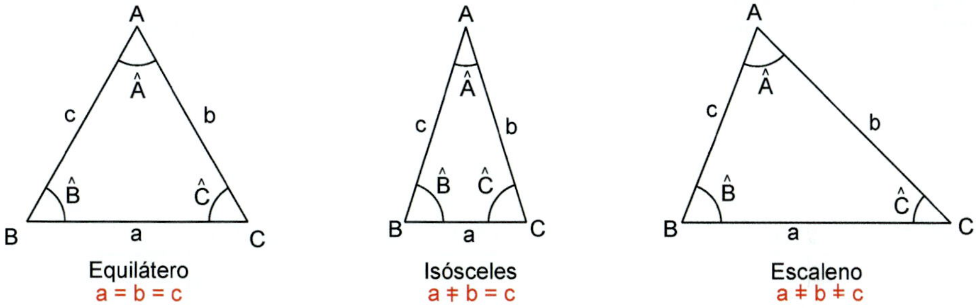

Figura 3.24. Clasificación de los triángulos dependiendo de la longitud de sus lados.

Teniendo en cuenta el valor de sus tres ángulos internos, los triángulos se denominan: acutángulos si tienen sus tres ángulos agudos, rectángulos si tienen un ángulo recto, y obtusángulos si tienen un ángulo obtuso.

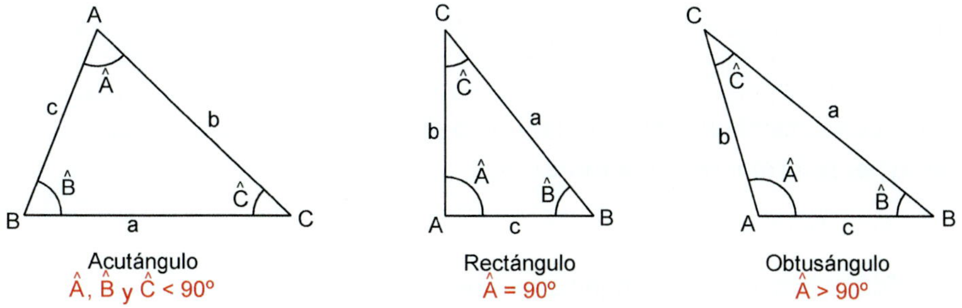

Figura 3.25. Clasificación de los triángulos dependiendo del valor de sus ángulos.

■ Cuadriláteros

Los cuadriláteros son polígonos de cuatro lados (Figura 3.26).

Los cuadriláteros **se clasifican** en convexos y cóncavos.

Se dice que un cuadrilátero es **convexo** cuando al trazar una recta sobre el cuadrilátero lo corta a lo más en dos lados.

Se dice que un cuadrilátero es **cóncavo** cuando al trazar una recta sobre el cuadrilátero lo corta en más de dos lados.

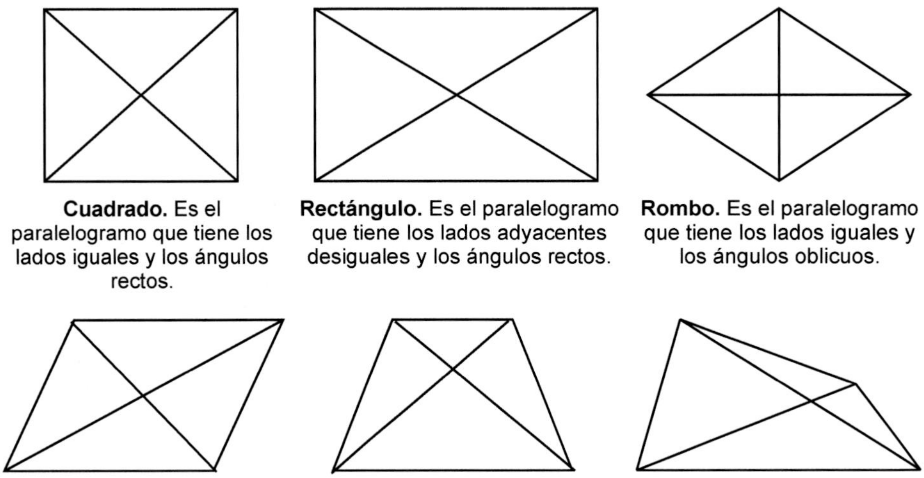

Cuadrado. Es el paralelogramo que tiene los lados iguales y los ángulos rectos.

Rectángulo. Es el paralelogramo que tiene los lados adyacentes desiguales y los ángulos rectos.

Rombo. Es el paralelogramo que tiene los lados iguales y los ángulos oblicuos.

Romboide. Es el paralelogramo que tiene los lados adyacentes desiguales y los ángulos oblicuos.

Trapecio. Es el cuadrilátero que tiene dos lados paralelos y los otros dos no.

Trapezoide. Es el cuadrilátero que no tiene los lados opuestos paralelos.

Figura 3.26. Clasificación de los cuadriláteros.

■ Polígonos

El polígono es una porción de plano, limitado por líneas rectas poligonales cerradas en el punto de inicio (Figura 3.27).

Los polígonos **se clasifican** por el número de sus lados y por la forma de su contorno.

- Por el número de sus lados:
  - Triángulos: polígonos que tienen tres lados.
  - Cuadriláteros: polígonos de cuatro lados.
  - Pentágonos: polígonos de cinco lados.

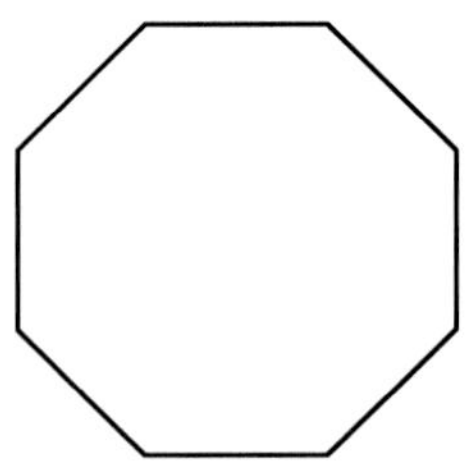

Figura 3.27. Polígono.

- Hexágonos: polígonos de seis lados.
- Heptágonos: polígonos de siete lados.
- Octágonos: polígonos de ocho lados.
- Nonágonos: polígonos de nueve lados.
- Decágonos: polígonos de diez lados.
- Endecágonos: polígonos de once lados.
- Dodecágonos: polígonos de doce lados.
- Pentadecágonos: polígonos de quince lados.
- Icoságonos: polígonos de veinte lados.

• Por la forma de su contorno:
  - Convexos: polígonos en los que al atravesarlos una recta lo cortan en un máximo de dos puntos.
  - Cóncavos: polígonos en los que al atravesarlos una recta puede cortarlos en más de dos puntos.
  - Equiláteros: polígonos que tienen todos sus lados iguales.
  - Equiángulos: polígonos que tienen sus ángulos iguales.
  - Regulares: polígonos que tienen sus ángulos y sus lados iguales entre sí.
  - Irregulares: polígonos que tienen sus ángulos y lados desiguales.

En la Figura 3.28 se pueden apreciar diferentes tipos de polígonos dependiendo de su número de lados y de la forma de su contorno. Por ejemplo, el primero es un triángulo equilátero ya que tiene tres lados y todos ellos son iguales.

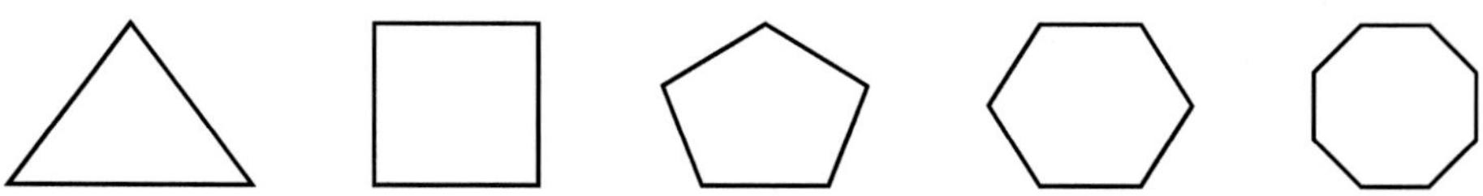

Figura 3.28. Diferentes tipos de polígonos dependiendo del número de lados y de la forma de su contorno.

A continuación vemos en los dos cuadros siguientes cómo se realiza la construcción exacta de un pentágono y decágono, y la construcción exacta de un hexágono.

CONSTRUCCIÓN EXACTA DE UN PENTÁGONO Y DECÁGONO

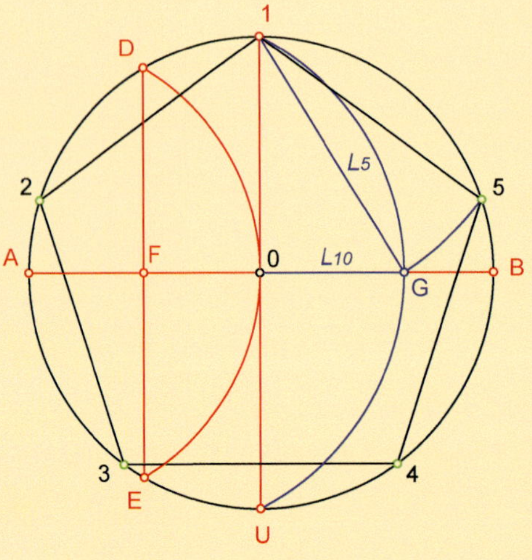

Primero trazaremos dos diámetros perpendiculares entre sí, que nos determinarán sobre la circunferencia dada los puntos A-B y 1-U respectivamente. Con el mismo radio de la circunferencia dada dibujamos un arco de centro en A, que nos determinará los puntos D y E sobre la circunferencia, uniendo dichos puntos obtendremos el punto F, punto medio del radio A-O

Con centro en F, volveremos a trazar otro arco de radio F-1, que nos determinará el punto G sobre el diámetro A-B. La distancia 1-G es el lado del pentágono inscrito, mientras que la distancia O-G es el lado del decágono inscrito.

Por último, para la construcción del pentágono y el decágono, solo queda llevar dichos lados, 5 y 10 veces respectivamente, en la circunferencia.

CONSTRUCCIÓN EXACTA DE UN HEXÁGONO

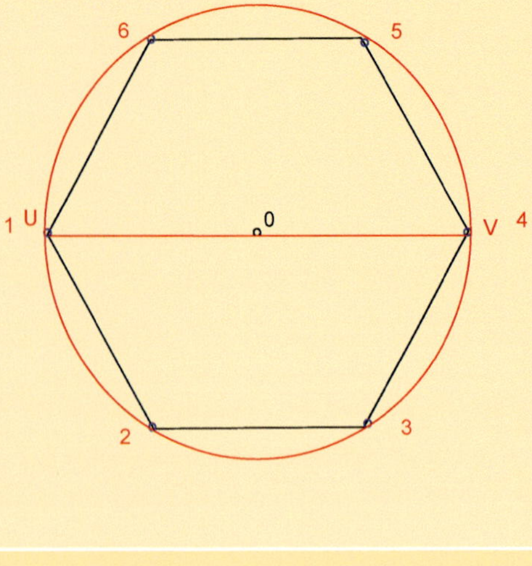

Comenzaremos trazando el hexágono porque es el más sencillo de realizar.

Primero trazamos una circunferencia con un radio igual al lado del hexágono. Después marcamos en la circunferencia el diámetro U-V.

Con centro en el punto U, trazamos un arco de radio U-O, que corte la circunferencia y determine el punto 2.

Con centro en este punto y el mismo radio seguimos cortando la circunferencia 6 veces hasta que hayamos terminado en el punto inicial 1.

Por último, unimos estos puntos y habremos obtenido un hexágono, cuyos lados son iguales al radio de la circunferencia.

3.1.4. Sistemas de proyección

Los sistemas de proyección o tipos se dividen en: proyección paralela o cilíndrica, proyección paralela ortogonal, proyección paralela oblicua y proyección central o cónica.

Los diversos sistemas de representación geométrica se dividen a su vez en: sistema diédrico, sistema de planos acotados, sistema axonométrico, sistema de perspectiva caballera y sistema de perspectiva cónica.

■ Sistema diédrico

Es un sistema de proyección cilíndrica ortogonal sobre dos planos perpendiculares.

La forma de representación se realiza mediante la proyección de caras o perfiles en los planos de un cubo (Figura 3.29), del que se obtienen las vistas de alzado, planta, perfil derecho, izquierdo y las vistas inferior y posterior.

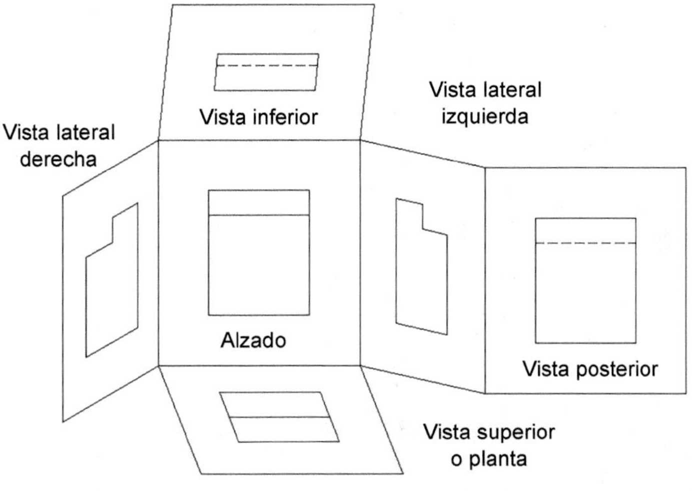

Figura 3.29. Sistema diédrico.

■ Sistema de planos acotados

Este sistema también utiliza el sistema de proyección cilíndrica ortogonal, pero tan solo en un plano de proyección, para indicar las cotas de altura sobre este plano.

Se utiliza principalmente para la representación de superficies terrestres irregulares en los planos topográficos. En ellos se señalan las curvas de nivel (Figura 3.30).

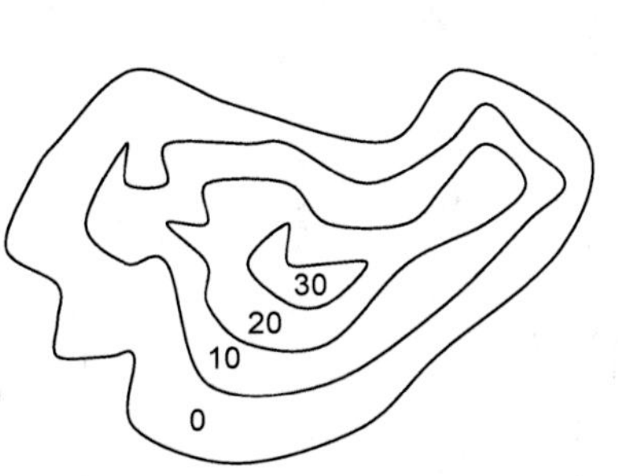

Figura 3.30. Sistema de planos acotados.

■ Sistema axonométrico

Este sistema utiliza también la proyección cilíndrica ortogonal. Dado un cuerpo, se proyecta ortogonalmente sobre un triedro y, a su vez, el cuerpo y las tres proyecciones obtenidas se proyectan ortogonalmente sobre un plano de proyección. Según la inclinación de las direcciones de los ejes sobre el plano de proyección, se tienen tres sistemas axonométricos: isométrico, simétrico y trimétrico.

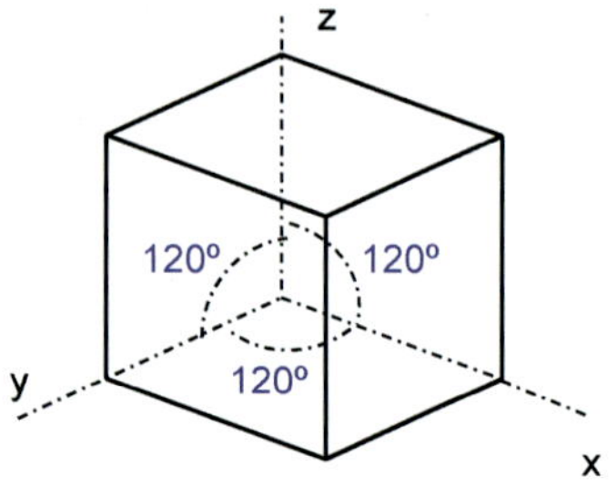

Figura 3.31. Representación de un sistema axonométrico de tipo isométrico.

En la práctica se utiliza sobre todo el sistema isométrico por ser el más rápido. Su representación se realiza a 120° entre los tres ejes (Figura 3.31).

■ Sistema de perspectiva caballera

Este sistema es el único que emplea la proyección cilíndrica oblicua.

El cuerpo se proyecta primero ortogonalmente sobre un triedro y después sobre un plano de ángulo recto de proyección paralela a uno de los tres lados. Según todo esto, las proyecciones que aparecen en este plano no se muestran deformadas (Figura 3.32).

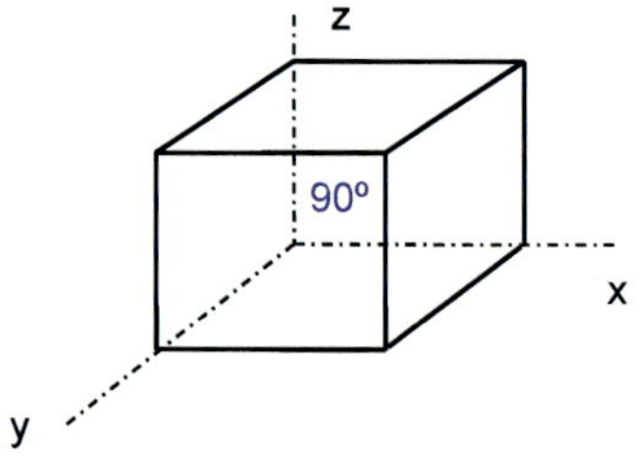

Figura 3.32. Perspectiva caballera.

■ Sistema de perspectiva cónica

Este sistema utiliza la proyección cónica o también llamada proyección central.

Se trata de la proyección de un cuerpo sobre un plano desde un punto de fuga que se realiza desde un punto de vista exterior (P) como se muestra en la Figura 3.33.

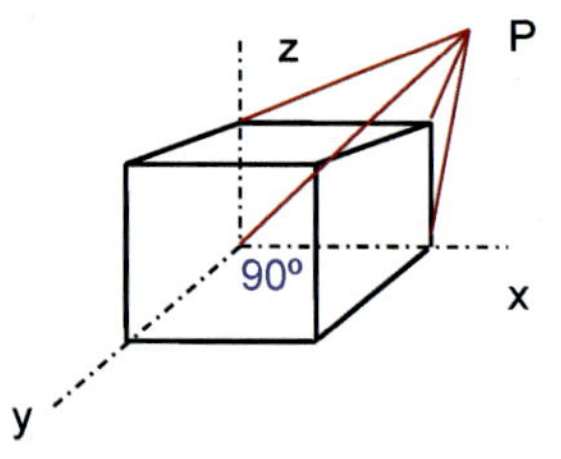

Figura 3.33. Perspectiva cónica.

3.1.5. Vistas: alzado, planta y perfil

Se llama vista a la proyección o representación de las caras de un objeto, normalizado en el sistema diédrico, a través de las proyecciones cilíndricas ortogonales.

En los siguientes apartados se podrán ver las principales vistas de una pieza, como son; el alzado, la planta y el perfil, en este caso el perfil izquierdo.

■ Alzado

Recibe este nombre la cara más importante de un objeto o aquella que más datos contiene.

Esta vista se obtendrá situándose de frente y haciendo pasar varios rayos de proyección por las diversas aristas del objeto, los cuales, al impactar con el plano de proyección situado detrás del objeto determinarán una serie de puntos, que unidos darán como consecuencia la vista del alzado (Figura 3.34. Alzado).

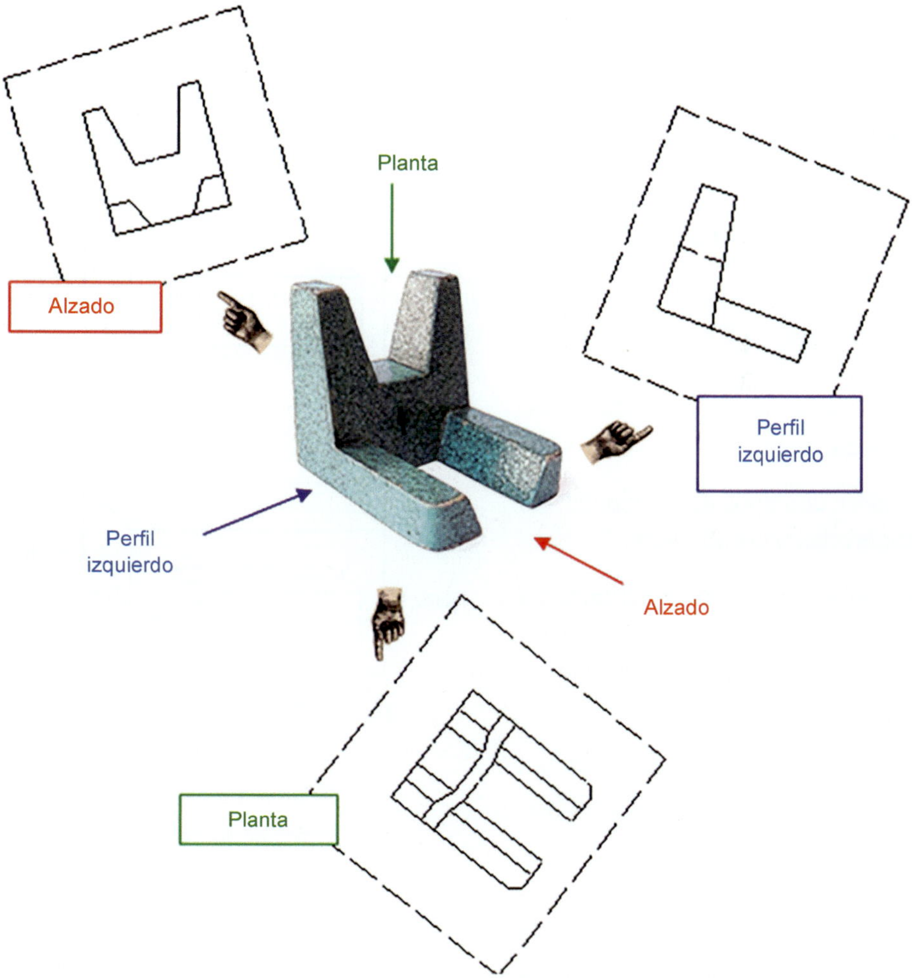

Figura 3.34. Proyecciones de las vistas en el plano: alzado, planta y perfil izquierdo.

■ Planta o vista superior

Recibe este nombre la cara que vemos situándonos en la parte superior de la pieza en perspectiva.

Esta vista se obtendrá situando la proyección de rayos por las diversas aristas de la pieza, los cuales determinan una serie de puntos, que unidos, originan sobre el plano de proyección la vista de la planta (Figura 3.34. Planta).

■ Vista lateral izquierda o perfil izquierdo

Recibe este nombre la cara que vemos al situarnos en la parte izquierda de la pieza en perspectiva.

Esta vista se obtendrá haciendo pasar los rayos de proyección por las diversas aristas de la pieza, los cuales determinan una serie de puntos, que unidos, forman sobre el plano de proyección la vista lateral izquierda (Figura 3.34. Perfil izquierdo).

3.1.6. Secciones

Es la representación interna del corte de una pieza, obtenida por medio del plano de corte y situada en la zona más representativa de la pieza.

Existen dos tipos de secciones, las separadas y las abatidas.

A continuación se describen los pasos a seguir para la realización de la sección de una pieza (Figura 3.35):

1. Se divide la pieza en dos partes por medio del plano de corte (Figura 3.36).
2. Se elimina la parte (1) que se encuentra entre el plano de proyección y nosotros (Figura 3.37), obteniéndose dos zonas (A y B).

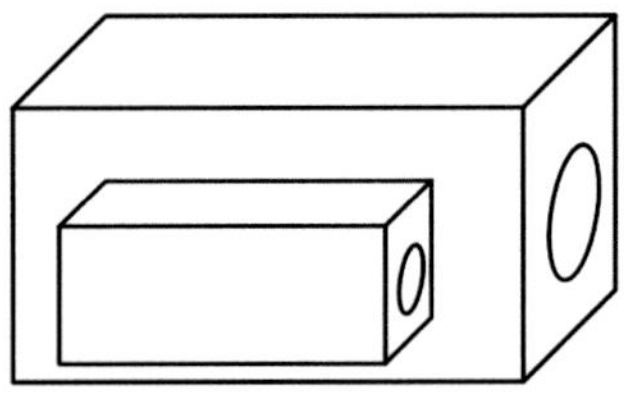

Figura 3.35. Representación de un corte parcial o rotura.

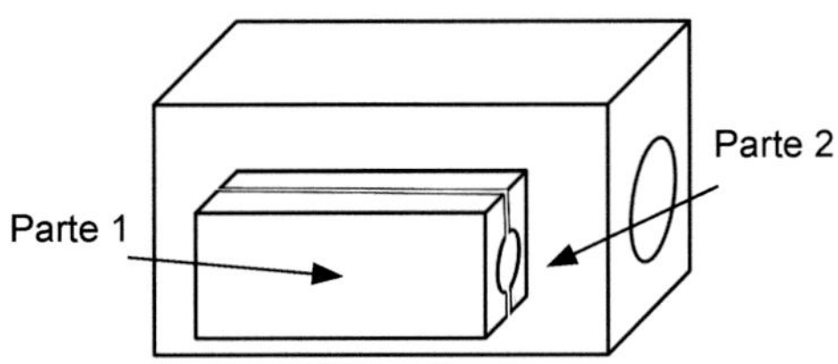

Figura 3.36. División de la pieza en dos partes.

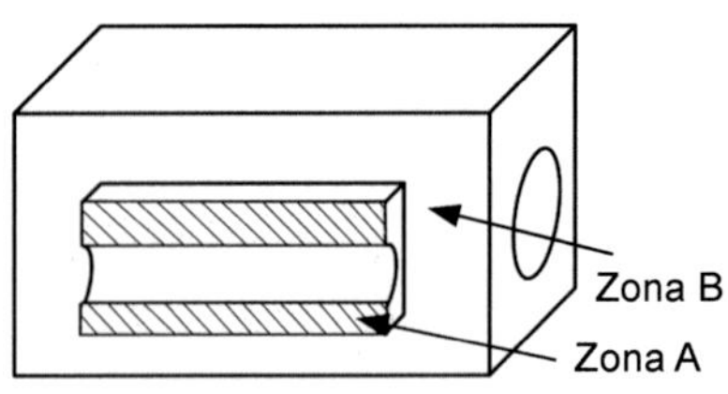

Figura 3.37. Eliminación de la pieza entre nosotros y la del plano de proyección.

3. Se superponen las dos zonas en proyección, teniendo en cuenta las líneas ocultas y se identifica la sección como la parte rayada (Figura 3.38).

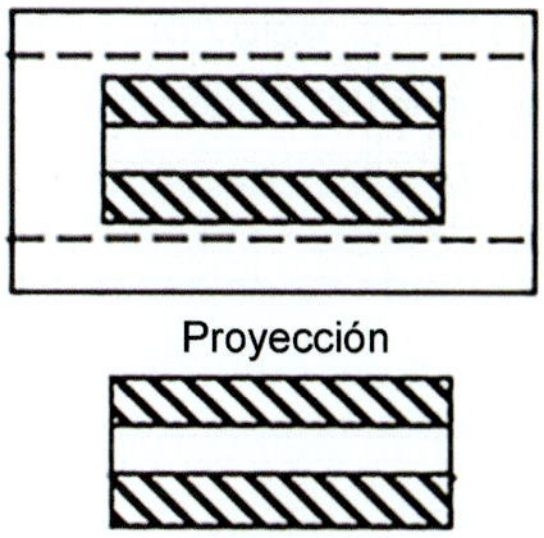

Figura 3.38. Representación de la proyección y la sección de una pieza.

3.2. VISTAS EN PERSPECTIVAS

Las vistas en perspectiva se obtienen como podemos ver en la Figura 3.39, dependiendo siempre de la colocación del observador.

3.2.1. Obtención y colocación en el plano de las diferentes vistas

Si nos colocamos de frente a la pieza, observaremos el alzado (rectángulo 1), desde la parte superior, la planta (rectángulo 2), con el número 3 observaremos el perfil izquierdo y al lado contrario el perfil derecho 4.

A continuación, en la parte inferior con el número 5, veremos la vista inferior, y por último, en la parte trasera con el 6, nos mostrará el punto de observación de la vista posterior.

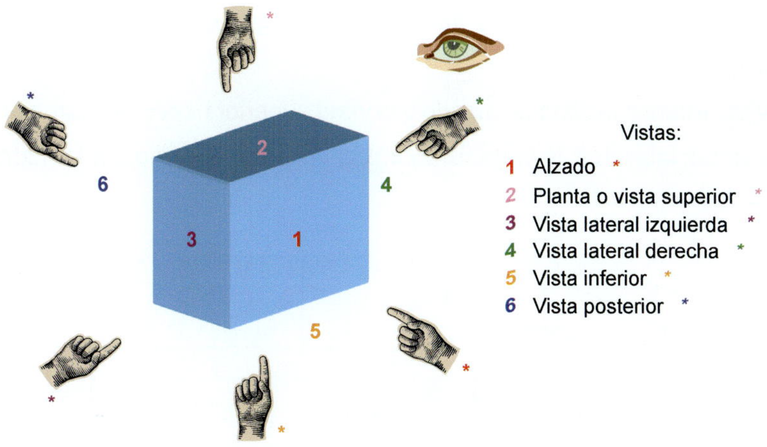

Figura 3.39. Obtención de las vistas.

En la Figura 3.40 se aprecia la colocación en el plano de todas las vistas posibles. En ella aparecen numeradas y colocadas, en un cubo abierto, las representaciones de sus proyecciones. Siempre se tendrá en cuenta que las proyecciones se colocan al lado contrario del punto de vista. Si colocamos el siguiente cubo dentro de un cubo imaginario de cartón, las proyecciones resultantes en el lado contrario, dará como consecuencia la representación de las vistas.

Así, el alzado se colocará en el centro (1), la planta que la veíamos desde la parte superior, se colocará en la parte inferior del alzado (2), el perfil izquierdo se pondrá en el lado derecho del alzado (3) y el perfil derecho en el lado izquierdo (4), la vista inferior en la parte superior del alzado (5) y por último la vista posterior al lado derecho de la vista lateral izquierda (6).

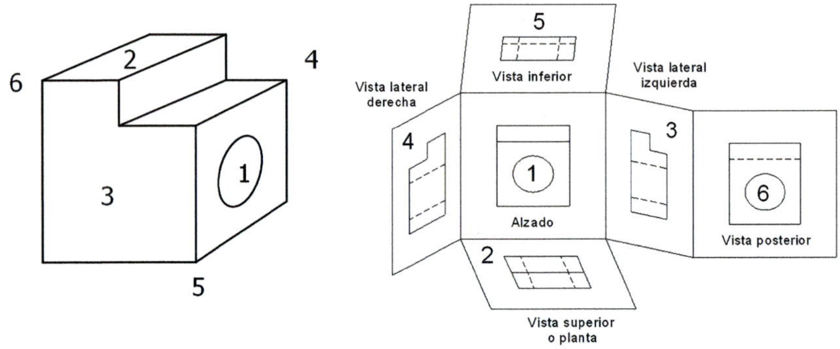

Figura 3.40. Representación en el plano de todas las vistas posibles.

3.2.2. Correspondencia entre las vistas

La correspondencia entre las vistas (Figura 3.41) debe cumplir los tres fundamentos siguientes:

1. Las vistas laterales, la vista de alzado y la vista posterior tienen la misma altura.
2. La vista inferior, la vista de alzado y la vista superior tienen la misma anchura.
3. Las vistas laterales, la vista inferior y la vista superior tienen la misma profundidad o espesor.

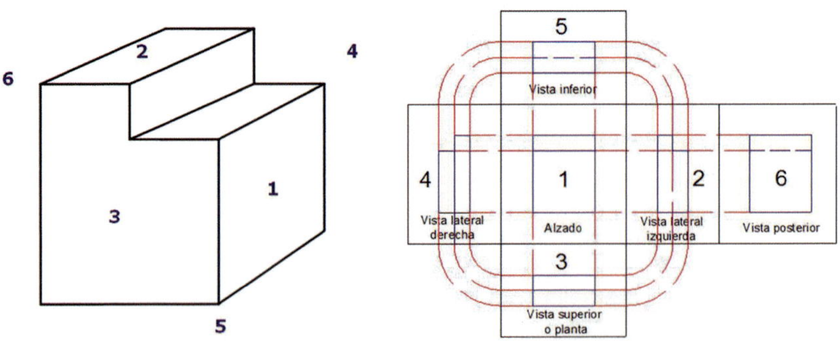

Figura 3.41. Correspondencias entre las vistas.

3.2.3. Representación de las vistas

A continuación podemos ver el proceso de representación sobre cómo se coloca la pieza delante de nosotros para realizar la representación de sus vistas.

PROCESO DE REPRESENTACIÓN Y COLOCACIÓN DE LA PIEZA

1

Se coloca la pieza delante de nosotros en la posición de alzado, como se indica en la imagen, y a continuación se realiza su proyección.

2

Se coloca la pieza debajo de nosotros, en la posición de planta y se realiza la proyección desde arriba.

3

Se coloca la pieza de frente a nosotros, girándola hacia el lado derecho, para representar la proyección de la vista izquierda.

En la Figura 3.42 se muestran las representaciones de las vistas de la imagen. La flecha indica el alzado. Se deben marcar las líneas que se ven con trazo continuo y las ocultas con líneas discontinuas. También se deben indicar las líneas de ejes de las representaciones del taladro.

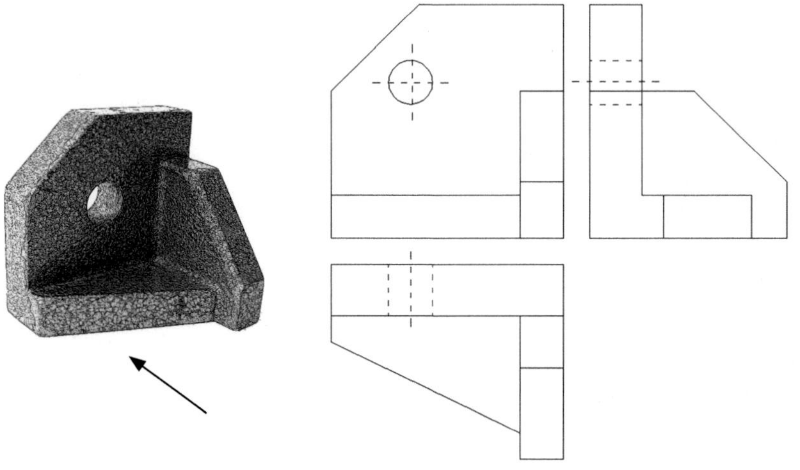

Figura 3.42. Representación de las vistas de una pieza real.

En la Figura 3.43 se representan las vistas de alzado, planta y perfil, como ejemplo de representación gráfica de las líneas continuas y discontinuas que se obtienen de las perspectivas de las piezas.

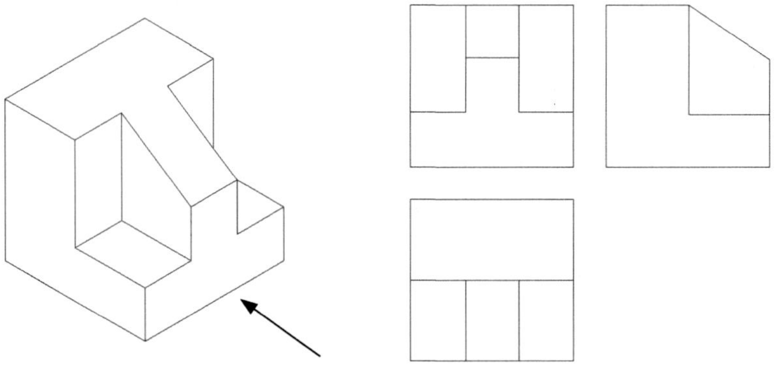

Figura 3.43. Ejemplo de representación de vistas de una figura en perspectivas.

3.3. ACOTACIÓN

La acotación en dibujo técnico es la representación de líneas, cifras y signos que señalan la forma y dimensiones de la pieza dibujada.

Los elementos necesarios para la acotación de piezas son: líneas de cota, líneas auxiliares de cota, líneas de referencia, flechas, cifras y signos de acotación.

3.3.1. Líneas de cota

Sirven para indicar la medida de la cota. Se disponen perpendiculares a las aristas del cuerpo o paralelamente a la longitud que se quiere acotar y suelen terminar en punta de flecha (Figura 3.44). La distancia de separación entre las aristas del cuerpo y las líneas de cota será de 5 mm como mínimo.

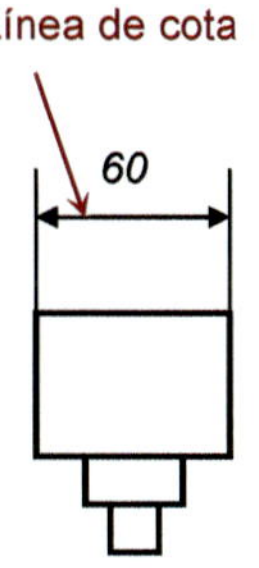

Figura 3.44. Representación de la línea de cota en dibujo técnico.

Existen principalmente dos normas básicas para la realización de las líneas de cota: la primera es que no deberán cruzarse las líneas de cota unas con otras, y la segunda, que los ejes y aristas no deberán tomarse como líneas de cota.

3.3.2. Líneas auxiliares de cota

Se utilizan para delimitar el espacio comprendido de la cota y es en ellas donde se apoya perpendicularmente la línea de cota (Figura 3.45).

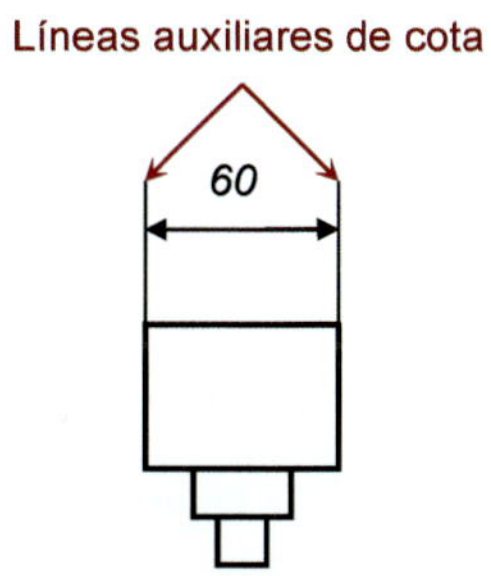

Figura 3.45. Representación de las líneas auxiliares de cota.

Existen principalmente cuatro normas básicas para la realización de las líneas auxiliares de cota:

1. Las líneas auxiliares deben sobrepasar a las líneas de cota 2 o 3 mm.
2. En algunos casos, las líneas auxiliares de cota pueden trazarse a 60°, cuando se puedan confundir con las líneas de la pieza.
3. Las líneas de ejes pueden ser aprovechadas como líneas auxiliares de cota.
4. Nunca deberán formar intersecciones las líneas de cota y las líneas auxiliares, para evitar confusiones en el acodo.

3.3.3. Líneas de referencia

Las líneas de referencia se utilizan para determinar partes, aristas o superficies de una pieza (Figura 3.46). Serán cortas y deben representarse oblicuamente fuera de la pieza. Se debe evitar en lo posible el exceso de este tipo de líneas.

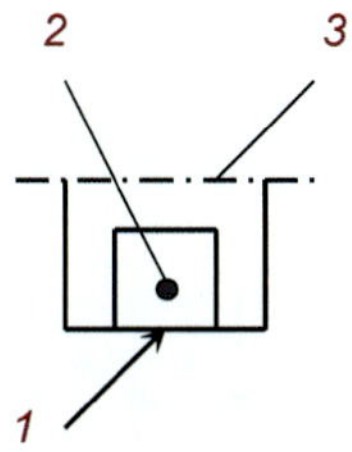

Figura 3.46. Representación de las líneas de referencia.

Las líneas de referencia indican diferentes informaciones de una pieza y se pueden dar tres casos dependiendo de la forma de su terminación (Figura 3.46):

1. Cuando acaban en flecha, determinan una arista de la pieza (1).
2. Cuando terminan en un punto, indican una superficie (2).
3. Cuando no terminan ni en flecha ni en punto, indican una línea diferente a una arista (3).

3.3.4. Flechas

Las flechas se encuentran en los extremos de las líneas de cota y se apoyan sobre la línea auxiliar de cota.

Existen principalmente cinco normas básicas para la realización de las flechas de cota:

1. El ángulo formado por los lados de las flechas ha de ser de unos 15°, la longitud de 3,5 mm y la base de 0,5 mm como mínimo (Figura 3.47).

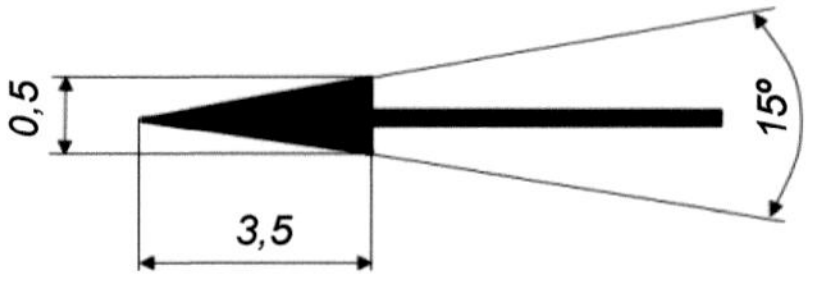

Figura 3.47. Dimensiones de las fechas en las líneas de cota.

2. La longitud de las flechas debe ser uniforme dentro de una misma representación gráfica.
3. Las líneas de cota, en el caso de falta de espacio, pueden ser limitadas por puntos (Figura 3.48).
4. Se deberá evitar siempre el cruce de flechas.
5. Nos podremos encontrar en lugar de dos flechas una línea pequeña oblicua a 45°, pero solamente se utilizará en construcción y estructuras metálicas (Figura 3.49).

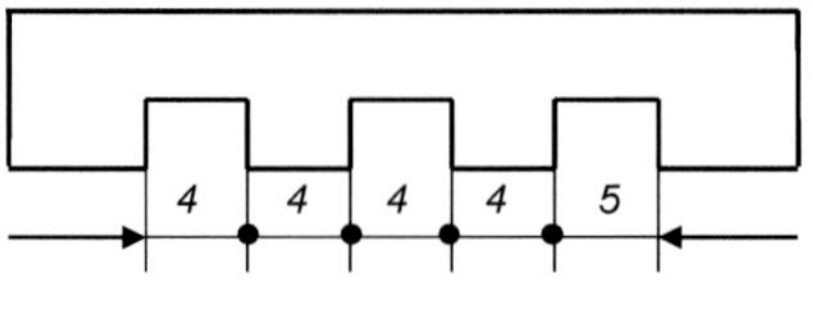

Figura 3.48. Sustitución de flechas por puntos en las líneas de cota.

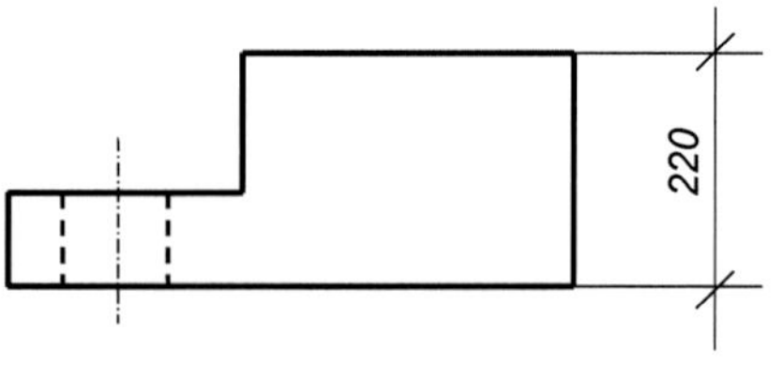

Figura 3.49. Sustitución de flechas por líneas oblicuas en las líneas de cota.

3.3.5. Cifras

Se utilizan para determinar la medida de la cota y se colocan encima y en medio de la línea de cota (Figura 3.50). También se utilizan para indicar partes de las piezas representadas en dibujo técnico y leyendas. Su forma deberá ser la que indica la escritura cursiva normalizada y con una altura nominal nunca menor de 3 mm, procurando siempre que el tamaño de las cifras sea proporcional a las dimensiones del plano y en la misma unidad. En mantenimiento de vehículos, la unidad utilizada en las representaciones gráficas es el milímetro.

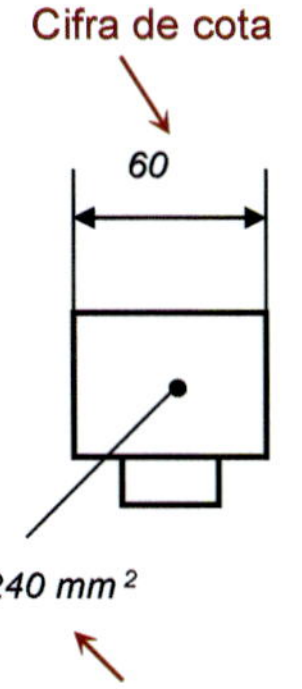

Figura 3.50. Representación de cifras en el dibujo técnico.

3.3.6. Signos de acotación

Los signos de acotación se utilizan para informar, en la representación gráfica de la forma de la pieza acotada, pudiendo ser estos signos el de diámetro (Ø), radio (R) y cuadrado (□), entre otros.

Estos signos se colocarán delante de la cifra de cota, con una altura y unas dimensiones iguales a las de las cifras representadas (Figura 3.51).

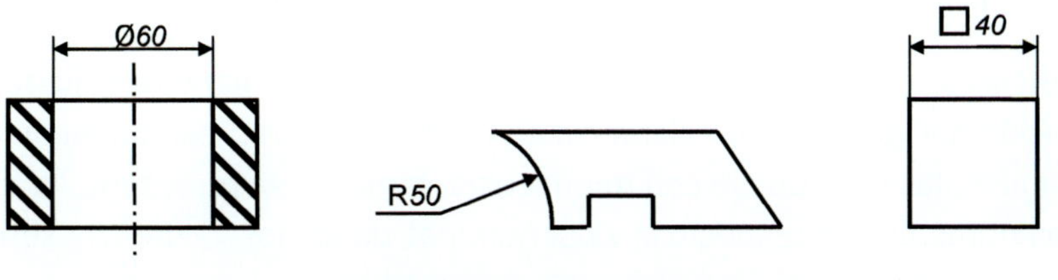

Figura 3.51. Signos de acotación.

3.3.7. Normas generales de acotación

La primera norma general de acotación dice que las cifras de cota deben hacer referencia siempre a las de la escala real de la pieza o plano. En la Figura 3.52 se puede observar un ejemplo de acotación en una lámina DIN A4 normalizada.

La segunda norma general dice que se deben ver las piezas acotadas de frente en posición vertical, y girando 90º la lámina a la derecha, en posición horizontal. En la Figura 3.52 se muestran las posiciones que debe adoptar la lámina para ver las acotaciones.

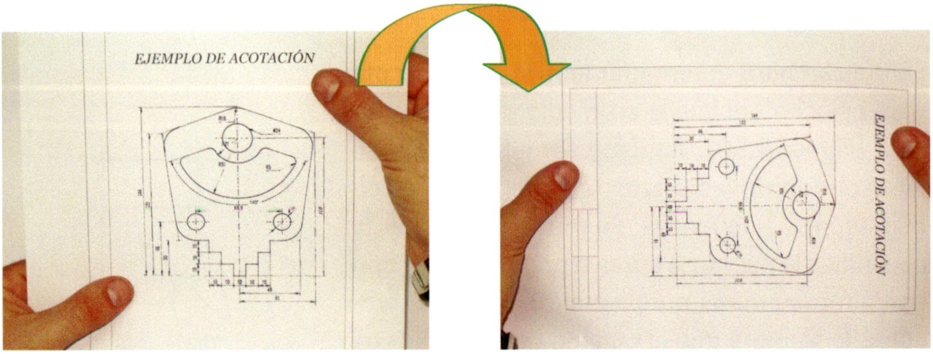

Figura 3.52. Posiciones de la lámina para ver su acotación.

Con esta norma es más fácil la interpretación de las acotaciones, ya que quien recibe el plano, tan solo girará una vez la lámina para ver la acotación.

3.4. SIMBOLOGÍA DE TOLERANCIAS

Como se vio anteriormente, las normas técnicas en dibujo técnico hacen referencia a la representación de elementos mecánicos con normativa de roscado, tolerancias de montaje y ajustes.

El **ajuste** es la relación que existe entre dos piezas mecánicas, cuando estas se acoplan entre sí. Existen varios tipos de ajustes: forzado, forzado medio, deslizante, holgado y muy holgado.

La **tolerancia** es la medida máxima y mínima que se pueden dar en un ajuste. La identificación del valor de una tolerancia en un orificio se representa mediante letras mayúsculas y en un eje con minúsculas. También se representa la tolerancia con números con respecto al valor nominal, dando los valores máximo y mínimo.

En la línea de referencia se sitúan estas letras mayúsculas correspondientes a las tolerancias interiores que van desde la (A) a la (H) con un valor por encima del nominal, siendo el valor mínimo la (H) y que corresponde con el valor nominal de la pieza. Las letras mayúsculas de la (J) a la (Z), corresponden a tolerancias interiores cuyo valor está por debajo de la cota nominal.

Las cotas de los ejes se representan con letras minúsculas de la (a) a la (h), corresponden a valores por debajo de la cota nominal, siendo el valor máximo el de la letra (h) y es el valor de la cota nominal. Los valores de la (j) a la (z) corresponden a valores por encima de la cota nominal.

Las tolerancias se dan en valores máximos y mínimos admisibles (Figura 3.53).

Ejemplo de orificio: 60H7 (60+25+2)

Valor máximo admisible: 60,025

Valor mínimo admisible: 60,002

Ejemplo de eje: 40m6 (40+22+6)

Valor máximo admisible: 40,022

Valor mínimo admisible: 40,006

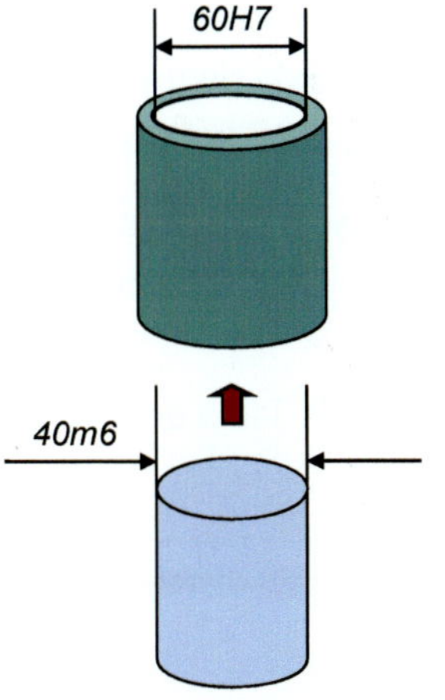

Figura 3.53. Ejemplo de las representaciones en dibujo técnico de tolerancias.

3.5. ESPECIFICACIONES DE MATERIALES

Las normas que hacen referencia a las características o especificaciones de los estados superficiales de los materiales en los dibujos técnicos son: la UNE 1037 y la ISO 1032. En ellas se recoge la simbología normalizada para indicar las calidades de acabado de las superficies y sus clasificaciones.

Existen varias especificaciones para representar el estado superficial de los materiales en dibujo técnico, como son la rugosidad, la longitud básica, el tipo de mecanizado, etc. Estas especificaciones se muestran en distintas posiciones con respecto al símbolo utilizado para indicar estas características.

En la Figura 3.54 se ven las formas de representación, donde el símbolo (A) indica el acabado superficial del material con arranque de viruta, y el símbolo (B) que no está permitido arrancar viruta en esa superficie en el proceso de mecanizado.

También se deben indicar con valores las especificaciones de los estados superficiales: el número (1) indica el valor de la rugosidad y se expresa en micrómetros, (2) el proceso de fabricación, tratamiento o recubrimiento, (3) la longitud básica, (4) la dirección de las estrías en el proceso de mecanizado, (5) la sobremedida máxima, y (6) otros valores que indiquen la rugosidad de la superficie, esta medida debe ir entre paréntesis.

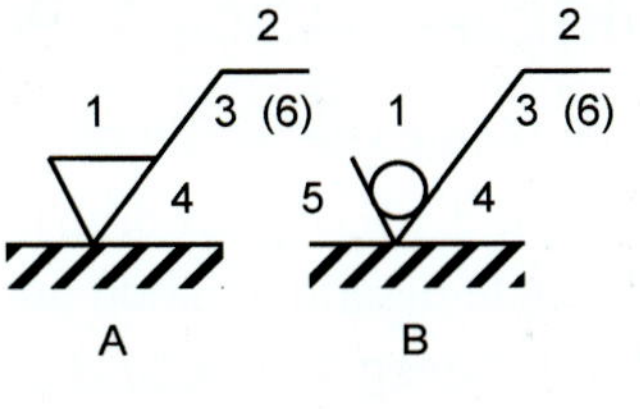

Figura 3.54. Símbolos de estados superficiales.

La rugosidad se mide con el rugosímetro en micrómetros y se indica con la letra (N) seguida de un número, que va desde el 1 al 12, siendo el 1 la mínima rugosidad y el 12 la máxima.

En la Tabla 3.2 se muestran los diferentes tipos de rugosidades especificadas en dibujo técnico mediante simbología.

Tabla 3.2. Tabla de valores de los números de la clase de rugosidad

Valor de las clases de rugosidad												
	N1	N2	N3	N4	N5	N6	N7	N8	N9	N10	N11	N12
	0,025	0,05	0,1	0,2	0,4	0,8	1,6	3,2	6,3	12,5	25	50

Clase de rugosidad — Valor de la rugosidad

Existen tres tipos de superficies dependiendo de su aspecto: la primera superficie no tratada o en bruto, la segunda superficie mecanizada y la tercera con tratamiento de acabado especial.

La superficie en bruto es la que se obtiene después del proceso de fabricación, sin realizarle ningún trabajo y su símbolo para la representación gráfica en dibujo técnico es «aproximado» (~).

La superficie mecanizada con arranque de viruta se puede representar mediante uno, dos, tres o cuatro triángulos, según el grado de acabado. Pudiendo ser fresado, cepillado, torneado, etc. Un triángulo (▼) indica una superficie desbastada, dos triángulos afinada, tres triángulos refinada y cuatro triángulos súper refinada (Figura 3.55).

Figura 3.55. Ejemplos de las representaciones en dibujo técnico de las superficies mecanizadas.

La superficie con tratamiento de acabado especial se obtiene a través de procedimientos especiales tales como: esmerilado, niquelado, embellecido, etcétera.

3.6. INTERPRETACIÓN DE PIEZAS EN PLANOS O CROQUIS

El dibujo técnico se puede realizar con los útiles de dibujo, como los vistos en el Apartado 3.1.1 (Figura 3.56); con ayuda de un ordenador y un programa informático de diseño asistido por ordenador, como por ejemplo AutoCad (Figura 3.57); y también se puede realizar a mano alzada, sin instrumento alguno y con medidas aproximadas para visualizar la pieza rápidamente. A este último método de representación gráfica se le denomina croquización (Figura 3.58).

Figura 3.56. Representación gráfica realizada con la ayuda de los útiles de dibujo técnico.

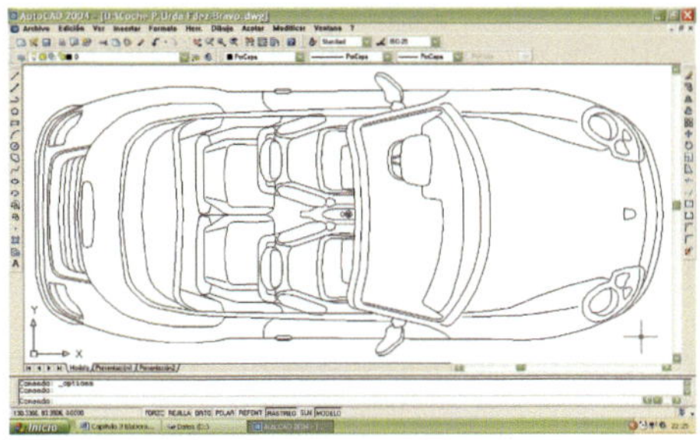

Figura 3.57. Representación con AutoCad.

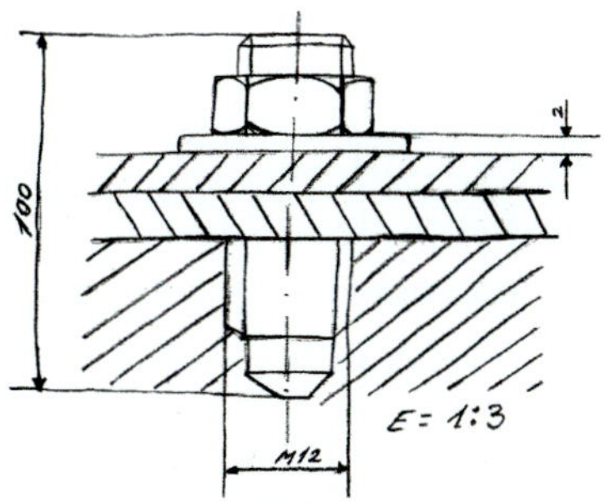

Figura 3.58. Croquis a mano alzada.

Para realizar el croquis se deben seguir una serie de normas, para que se vea lo más claro y limpio posible:

1. Si el croquis se dibuja sin escala, es necesario que la forma y las dimensiones de la pieza sean lo más proporcionales y reales posibles, para que cualquiera pueda interpretarlo fácilmente.
2. Debe dar una idea clara del proyecto de trabajo, con una gran exposición de datos.
3. Su representación debe basarse en el sistema diédrico.
4. Siempre debe acotarse.

3.6.1. Escalas en los planos o croquis

En algunos casos, no es posible representar las piezas a tamaño real, bien sea porque sus dimensiones son más grandes que el formato utilizado, o por el contrario, que la pieza sea muy pequeña y se deba ampliar para definir con mayor claridad su representación.

Este problema se resuelve aplicando al dibujo técnico la representación a escala mediante la ampliación o reducción del dibujo representado en el plano.

Se define como escala la relación entre las dimensiones de una pieza dibujada con respecto de sus dimensiones reales:

Escala = Tamaño del dibujo / Tamaño real de la pieza

Existen tres tipos de escalas:

1. Escala de tamaño real o escala natural: E = 1:1.
2. Escala de ampliación (Figura 3.59), se da cuando el numerador de la fracción es mayor que el denominador: E = 2:1, 3:1, 4:1, 5:1, 10:1, 20:1, 25:1, 50:1, etcétera.
3. Escala de reducción (Figura 3.60), se produce cuando el numerador de la fracción es menor que el denominador: E = 1:2, 1:3, 1:4, 1:5, 1:10, 1:20, 1:25, 1:50, etcétera.

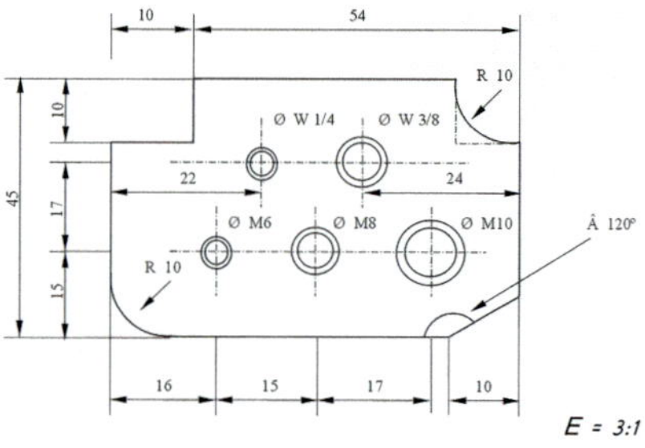

Figura 3.59. Escala de ampliación en la representación gráfica de una pieza (E = 3:1).

La manera más habitual para medir escalas en un plano es con el escalímetro (Figura 3.61). Este útil de media es una regla triangular, con seis caras, en las cuales van graduadas las escalas correspondientes: 1:100, 1:200, 1:250, 1:300, 1:400, 1:500.

Estas escalas son válidas igualmente para valores que resulten de multiplicar o dividir por 10, así por ejemplo, la escala 1:300 es utilizable en planos a escala 1:3, 1:30 o 1:3000.

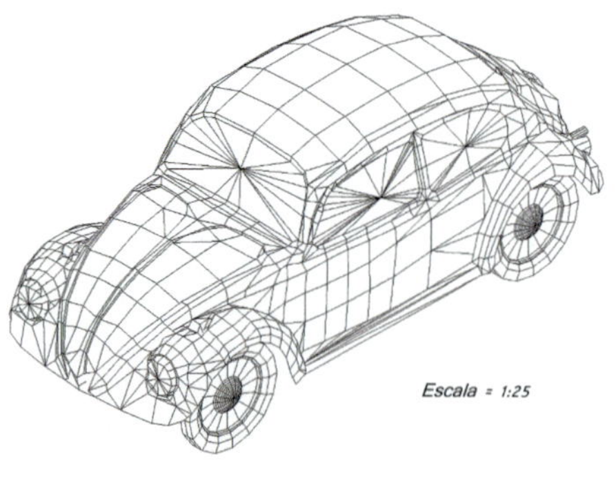

Figura 3.60. Escala de reducción en la representación de un vehículo (E = 1:25).

Figura 3.61. Medida con el escalímetro.

3.7. TRAZADO SOBRE MATERIALES, TÉCNICAS Y ÚTILES

La operación del trazado es fundamental para poder realizar piezas mecanizadas con la debida precisión. Por medio del trazado, se sabe si el material en bruto que se ha de utilizar contiene a la pieza que se va a construir y si es el apropiado con respecto a su forma.

3.7.1. Objeto del trazado

El objeto o la finalidad del trazado es la representación de marcas lineales sobre una pieza con productos semielaborados o mecanizados como base, para un posterior trabajo, con el fin de delimitar los contornos concretos sin márgenes de error (Figuras 3.62).

Figura 3.62. Trazado de una pieza.

3.7.2. Clases de trazado

En la operación del trazado existen dos clases o sistemas de trazado: trazado plano y trazado al aire o en el espacio.

- **Trazado plano:** es el que se realiza sobre una única superficie plana de la pieza, detallando en ella la figura geométrica deseada (Figura 3.63).
- **Trazado al aire:** es aquel que se realiza simultáneamente sobre varias caras o superficies de la pieza (Figura 3.64), apoyándose siempre sobre una superficie plana de referencia, como por ejemplo un mármol de precisión.

Figura 3.63. Trazado plano de una pieza.

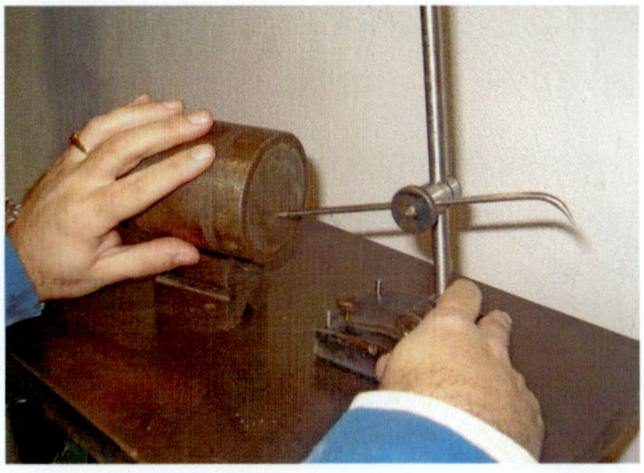

Figura 3.64. Trazado al aire de una pieza.

Para el trazado de una pieza se utilizan productos adhesivos o colorantes, también llamados de contraste. Con ellos el brillo característico de los metales desaparece y se pueden marcar las líneas en la operación del trazado, logrando que las líneas resalten y se puede mecanizar correctamente y con precisión. Se emplean entre otros productos: blanco España (Figura 3.65), o sulfato de cobre (Figura 3.66), estos siempre disueltos en agua.

Antes de aplicar estos productos de contraste, se debe limpiar escrupulosamente la cara de la pieza a trazar, para quitarle el óxido y las grasas o aceites, para lo que podremos recurrir a la introducción de la pieza en una disolución de cal en agua, y secándola a continuación.

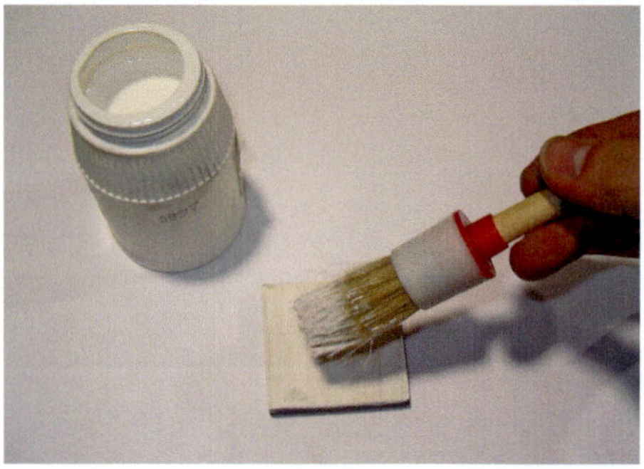

Figura 3.65. Coloreado o contraste de una pieza para su posterior trazado con blanco España.

Figura 3.66. Coloreado o contraste de una pieza con sulfato de cobre.

3.7.3. Útiles utilizados en el trazado

Los instrumentos que intervienen en el trazado se dividen en dos grandes grupos según su función: instrumentos o útiles auxiliares e instrumentos o útiles activos.

■ Útiles auxiliares

Los instrumentos o útiles auxiliares se emplean para soportar las piezas con las que se va a trabajar o para servir de guías para la ejecución del trazado, siendo estos los siguientes:

Mármoles

Son placas gruesas de hierro fundido o acero moldeado, cuya superficie es totalmente plana (Figura 3.67). Sirven de guía para los útiles o instrumentos de trazado y sostienen las piezas con las que se está realizando el proceso de trazado.

Para una buena fiabilidad del mármol debe cumplir lo siguiente:

- Debe ser una superficie completamente plana y de acabado perfecto.
- La construcción será sólida.
- Se debe apoyar firmemente para evitar balanceos.
- La nivelación del mármol debe ser precisa.
- Debe protegerse contra la oxidación con películas de aceite.

Figura 3.67. Mármol de precisión protegido con una película de aceite.

Soportes y apoyos

Se emplean para soportar y apoyar las piezas a trazar para que no se muevan (Figura 3.68). Se fabrican de varios tipos según su forma y funcionalidad. Sus tipos son los siguientes:

- **Escuadra de trazado:** es un útil que al colocarlo encima del mármol forma un ángulo de 90°, y tiene por objeto facilitar las operaciones de trazado. Está fabricada de fundición, e incorpora una serie de ranuras para ayudar a sujetar las piezas que se deseen trazar.
- **Cubos de trazado** (Figura 3.68a): se fabrican en forma de dado con sus caras perfectamente planas y a escuadra. Como las escuadras de trazado, también incorporan unas ranuras para ayudar a embridar las piezas. Son de fundición gris y se utilizan principalmente para el trazado al aire.
- **Gatos de trazado** (Figura 3.68b): son útiles que se emplean para sostener piezas irregulares. Están provistos de una rotula, que permite posicionar la pieza a la altura o inclinación adecuada.
- **Calzos de trazado** (Figura 3.68c): se fabrican también de fundición gris y suelen tener forma de V o X, con las caras perfectamente lisas para soportar las piezas. Se colocan sobre el

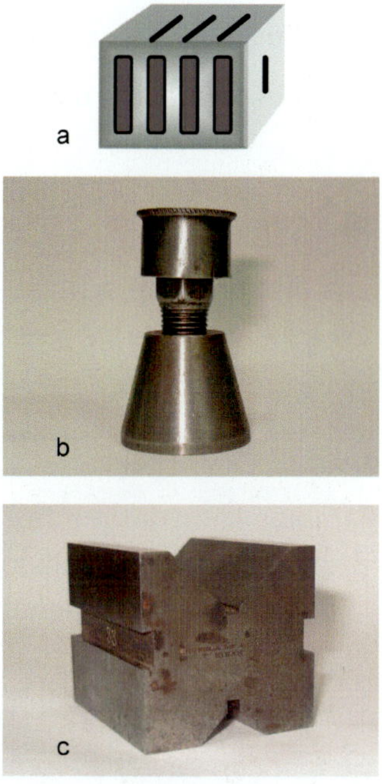

Figura 3.68. Soportes y apoyos para el trazado.

mármol, para poder apoyar sobre ellos las piezas que por sus formas, normalmente curvas, no podrían sujetarse solas.

- **Cuñas graduables de trazado:** son piezas con forma de cuña, que se ajustan en altura como los gatos de trazado. Sirven para ajustar y nivelar las piezas.

Guías y útiles de medición

Las guías son instrumentos que sirven de soporte y de guía a los útiles de trazar, para un perfecto y preciso proceso de trazado. Se colocan sobre las superficies de las piezas que han de ser marcadas.

Los útiles de medición son instrumentos que indicarán en todo momento si el proceso de trazado es el correcto y totalmente preciso. Estos útiles (Figura 3.69) son los que se enumeran a continuación:

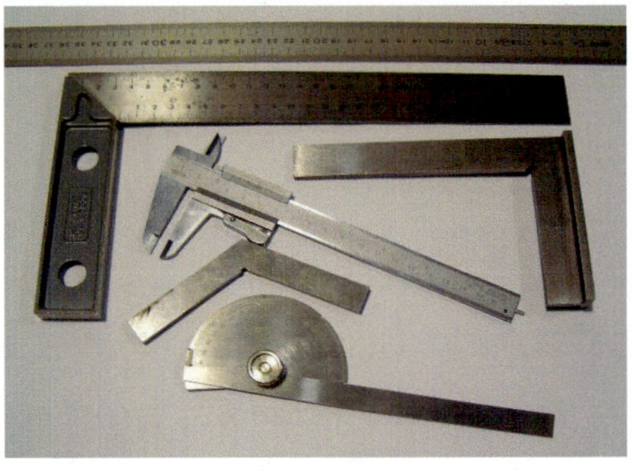

Figura 3.69. Guías y útiles de medición en el trazado.

- Regla graduada, angular y vertical o de altura.
- Escuadras planas, graduadas, de solape, triangulares, falsa escuadra.
- Metros metálicos, calibre o pie de rey.
- Transportadores de ángulos, escuadras universales y goniómetros.

Útiles activos

Los instrumentos o útiles activos son los encargados de marcar los trazos en las superficies de las piezas y estos son los siguientes:

Puntas de trazar

También llamadas puntas de señalar o rayadores (Figura 3.70). Es una varilla delgada de acero templado, terminada en punta afilada en los dos extremos, con la finalidad de poder penetrar con facilidad en la superficie de la pieza a marcar. El grado de afilado de su punta debe ser de entre 15 y 20 grados. Hay que tener especial cuidado al guardarla, debiendo protegerla para evitar su deterioro.

Se fabrican de varias formas: con mango de plástico, con cuerpo hexagonal y clip de estilográfica, con maleteado superior e inferior, etc., como se pueden ver en la Figura 3.71.

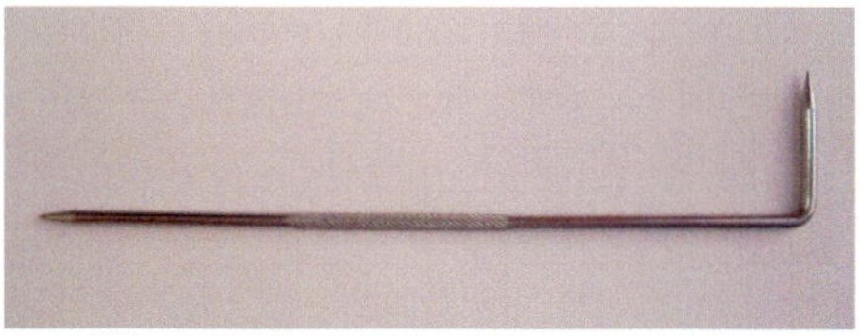

Figura 3.70. Punta de trazar o rayador.

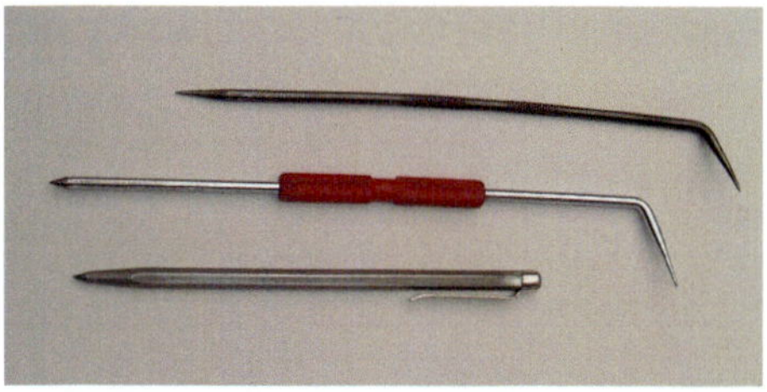

Figura 3.71. Diferentes tipos de puntas de trazar.

Gramil

Es el instrumento más importante del trazado y sirve para trazar líneas paralelas horizontales sobre las piezas (Figura 3.72). Consta de una base perfectamente plana de fundición (1) la cual soporta una barra cilíndrica llamada vástago (2) mediante una articulación (3), en el vástago se desplaza verticalmente un prisionero de acople (4) en el que se monta la punta de trazar (5) que se ajusta mediante un tornillo de fijación (6).

En las operaciones del trazado se dispone de **gramiles de precisión** o también llamados de regla graduada y corredera (Figura 3.73). Como los anteriores, constan de una base rectificada y plana (1), sobre la que va alojada una regla graduada posicionada verticalmente (2), y en ella se desliza una corredera (3) con dos tornillos de fijación (4), uno de reglaje de precisión (5) y por último una punta de trazado regulable (6).

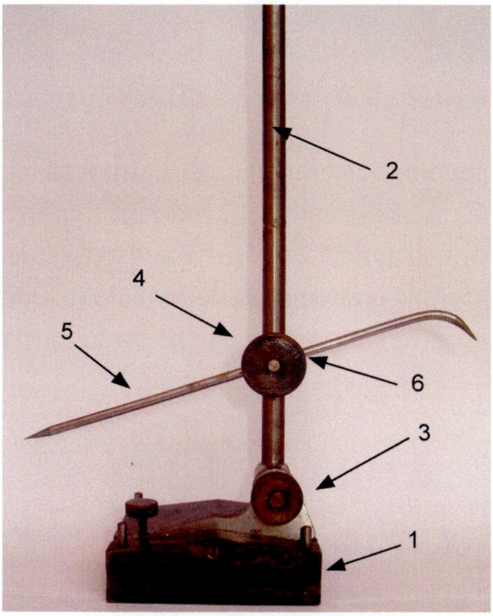

Figura 3.72. Gramil ordinario regulable.

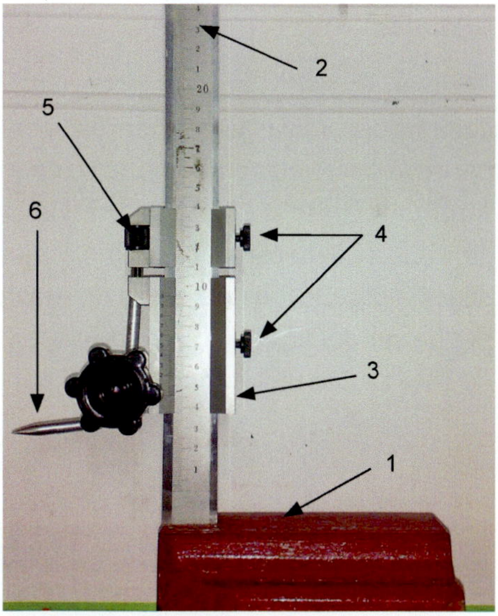

Figura 3.73. Gramil de precisión o de regla graduada y corredera.

El proceso para trazar es el mismo con cualquiera de los gramiles anteriores:

1. Se mide la altura de la pieza por donde va a pasar el trazado, en el caso del gramil ordinario nos ayudamos de una regla o escuadra graduada (Figura 3.74). Con el gramil de precisión, la medición de esta altura viene dada directamente en su regla graduada (Figura 3.75).

Figura 3.74. Medición de la altura de trazado con la ayuda de una regla graduada.

Figura 3.75. La altura de trazado viene dada en la regla graduada del gramil.

2. Se acerca el gramil apoyando firmemente su base en el mármol, y se procede al rayado de la pieza con su punta de trazar (Figura 3.76).

Figura 3.76. Trazado de la pieza con el gramil.

Granetes

También llamados punzones de marcar (Figura 3.77). Consisten en una barra de acero al cromo-vanadio redonda, pudiendo ser de varios diámetros: de 7 mm a 12 mm y una longitud que va desde 100 mm a 130 mm. En la parte central se ha mecanizado un moleteado para su agarre. En uno de sus extremos se le ha practicado una punta de máxima dureza y alto grado de tenacidad, que puede ser de 30, 40 o 60 grados, y en el extremo contrario, se le ha dado forma de cabeza con un temple especial para recibir los golpes del martillo.

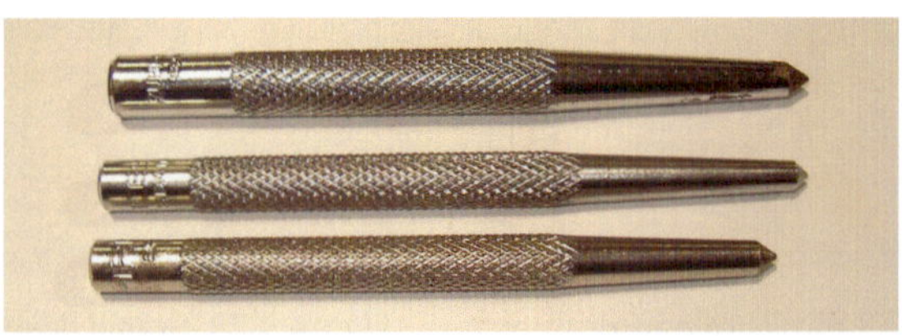

Figura 3.77. Granetes de diferentes diámetros.

Los pasos a seguir para granetear una pieza son; primero elegir el punto exacto para la realización del marcado, después colocar la punta del granete en la intersección de la marca y dar con el martillo un golpe seco (Figura 3.78). Si lo que se pretende es marcar centros, es decir para marcar puntos, en los cuales después ha de apoyarse la pata del compás, para trazar circunferencias, el ángulo de la punta del granete debe ser de 60º, y si por el contrario es para hacer resaltar marcas, para hacerlas más visibles, será de 30º o 40º.

Figura 3.78. Graneteado de una pieza con el martillo.

Otro tipo de granete es el **punzón automático para marcar** (Figura 3.79). Consta de un mango robusto moleteado en diagonal con una punta templada. Este instrumento está constantemente bajo la tensión de un muelle que se aloja en su interior, la fuerza de golpe es ajustable en la cabeza girando el tornillo, y el disparo para el graneteado se produce mediante un simple apretón con la mano (Figura 3.80).

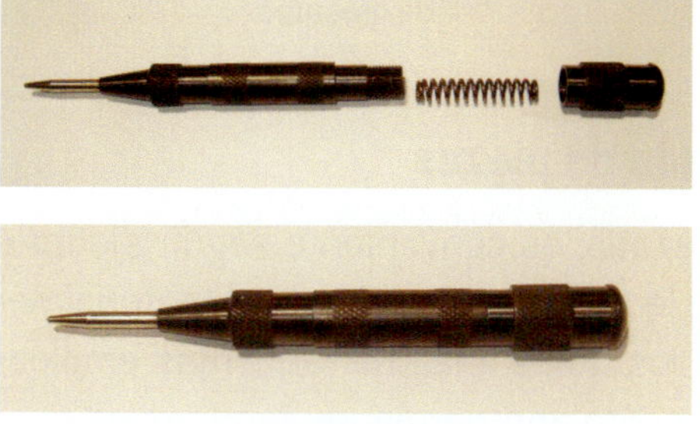

Figura 3.79. Punzón o granete automático para marcar.

Figura 3.80. Graneteado de una pieza con el granete automático.

Compás

El compás, también llamado bigotera, es una herramienta de trazado (Figura 3.81). Está fabricado de acero templado muy duro, para que las puntas no se deterioren con facilidad en el proceso de marcado sobre las piezas de metal.

Se emplea en el trazado de circunferencias, arcos, semicírculos y transporte de medidas. También se utiliza en el trazado de construcciones geométricas, que se presenten en el proceso de dibujo técnico, sobre piezas a mecanizar.

Existen varios tipos de compases. A continuación se enumeran los principales:

- Compás de puntas simples.
- Compás de muelle y tornillo de regulación.
- Compás con tornillo de fijación.
- Compás de pata y punta, empleado en el trazado de paralelas a las aristas de las piezas.
- Compás de varas, utilizado para trazar arcos de circunferencias de radios grandes.

También existen otros tipos de compás que sirven para tomar medidas de espesores e interiores, como el mostrado en la Figura 3.82.

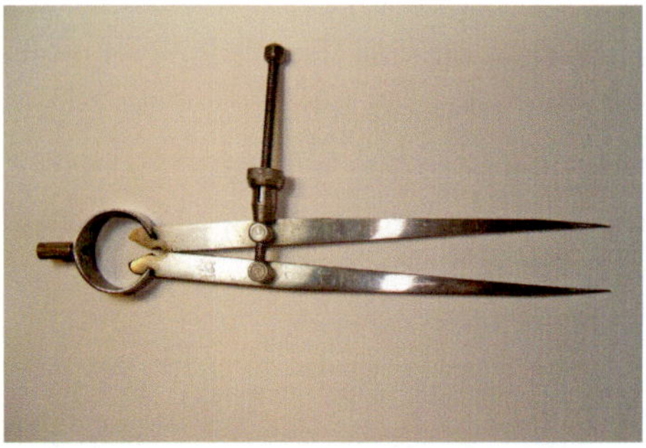

Figura 3.81. Compás de trazado con muelle y tornillo de regulación.

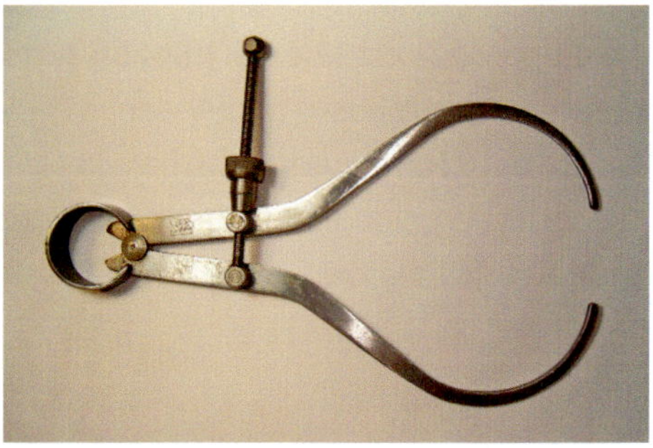

Figura 3.82. Compás de medición de grosores.

3.7.4. Fases y procesos en el trazado de piezas

Para llevar a cabo las operaciones de trazado, es conveniente seguir siempre una serie de normas generales, tanto en la preparación de todo el material necesario, como en la utilización de todos los útiles y las herramientas empleadas para el trazado, las cuales se han descrito anteriormente. También es muy importante la limpieza, la pulcritud en el trabajo y seguir el orden correcto para realizar las distintas operaciones.

■ Normas del trazado

Las normas generales del trazado se pueden resumir en los siguientes puntos:

1. Realizar el plano o croquis de la pieza a mecanizar sobre papel, cumpliendo con la normativa de dibujo técnico en la realización de piezas.
2. Preparar el material necesario para el trazado, tanto los útiles auxiliares como los activos.

3. Asegurarse que las dimensiones del material dan cabida al trazado del dibujo, realizado en el plano a escala.
4. Aplicar el colorante o barniz de trazado (blanco España o sulfato de cobre) y dejar secar.
5. Sujetar la pieza con los elementos apropiados para el trazado.
6. Trazar los ejes. Esta operación debe ser siempre la primera en el trazado.
7. Trazar las líneas. Se debe empezar siempre por las líneas circulares y después las líneas rectas, aunque en algunos casos es necesario invertir el orden.
8. Si fuese necesario, realizar el graneteado de los puntos de referencia de las líneas, para que estas no desaparezcan.

Es necesario tener en cuenta que para una correcta realización del trazado, se deben utilizar los instrumentos adecuados en cada parte del proceso. Es muy importante mantener los útiles siempre en buen estado.

■ Procesos en el trazado de una pieza

Para realizar los procesos del trazado de una pieza, se deben tener en cuenta siempre las normas del trazado y seguir el orden establecido.

A continuación se explican detalladamente los procesos que se deben seguir en el trazado de una pieza hexagonal, con un taladro en el centro y seis cortes, uno por cada lado de la pieza a mecanizar, y los procesos del trazado de una pieza roscada.

PROCESO EN EL TRAZADO DE UNA PIEZA HEXAGONAL

1

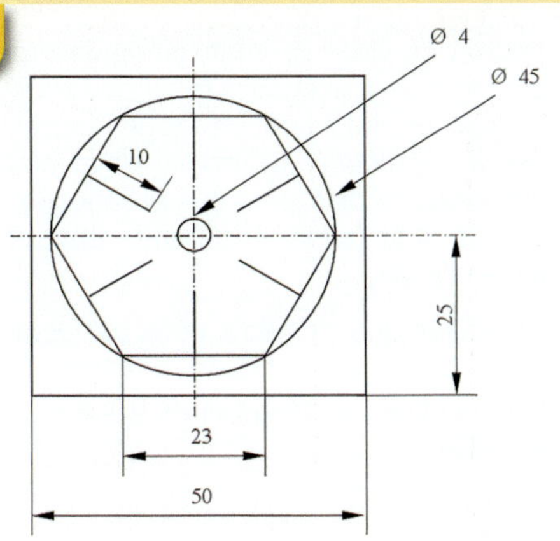

Realizar el plano o croquis de la pieza a mecanizar sobre una lámina DIN-A4, cumpliendo con las normativas de dibujo técnico.

En este caso realizamos un hexágono inscrito en una circunferencia de 45 mm de diámetro, sobre una pieza de 50 × 50 mm.

Desde el centro de cada lado del hexágono, trazar una línea de 10 mm hacia el punto central, para un posterior corte con la sierra, y por último, trazar un círculo en el centro de la pieza de 4 mm de diámetro, para el mecanizado del taladro.

PROCESO EN EL TRAZADO DE UNA PIEZA HEXAGONAL (continuación)

2

Preparar el material necesario para el trazado, tanto los útiles auxiliares como los activos: regla graduada, compás, granete, punta de trazar, gramil, escuadra, colorante con su brocha, mármol y croquis en funda de plástico.

Asegurarse de que todos los útiles están en perfecto estado de limpieza y conservación para el trazado.

3

Medir las dimensiones del material de la pieza, para que pueda albergar el trazado del hexágono. Para ello, la pieza debe medir 50 mm de largo y 50 mm de ancho.

Las dimensiones deben ser siempre mayores que el hexágono, para posteriormente realizar los procesos de corte y limado.

4

Preparar la pieza; primero limar las caras para dejarlas a escuadra y así poder trazar y tomar las medidas con mayor exactitud. Después, proceder a limar y dejar planas las dos superficies, para que el acabado sea perfecto al aplicarle el colorante específico para el trazado.

Comprobar que la pieza esté perfecta en planitud, grosor y escuadra. Realizar estas comprobaciones con el calibre y la escuadra de solapa.

PROCESO EN EL TRAZADO DE UNA PIEZA HEXAGONAL (continuación)

5

Aplicar el colorante o barniz de trazado (blanco España o sulfato de cobre).

Limpiar muy bien la pieza antes de proceder a la aplicación del colorante.

Extender bien el producto con una brocha por toda la superficie, hasta conseguir que se impregne en su totalidad y dejar secar.

Si fuese necesario, dar una segunda mano, pero menos cargada que la anterior para no excederse con el colorante.

6

Trazar los ejes de la pieza con la punta de trazar, sabiendo que tendrán una medida de cota de 25 × 25 mm desde el lateral de la pieza.

Esta operación debe ser siempre la primera que se realice en el trazado, para determinar los puntos centrales y las dimensiones de la figura.

Apoyar la regla graduada en la superficie de la pieza coloreada y trazar las líneas de los ejes.

7

Granetear en la intersección de los ejes anteriormente trazados, para poder introducir la punta del compás y trazar las líneas circulares con el compás de trazado.

Se puede realizar con el granete y martillo o con el granete automático, pero siempre siendo precisos con el punto exacto del graneteado.

PROCESO EN EL TRAZADO DE UNA PIEZA HEXAGONAL (continuación)

8

Tomamos la medida de 22,5 mm de radio, con la ayuda de la regla graduada y abriendo el tornillo de regulación del compás, hasta que coincida con la medida exacta.

Pinchamos con el compás en el centro de referencia, marcado anteriormente por el granete en la pieza.

9

Trazamos la circunferencia de un solo trazo con sumo cuidado, sobre el colorante de la pieza. Para ello es necesario apoyarse levemente en la punta donde tiene el mecanismo de regulación y trazar con la otra.

10

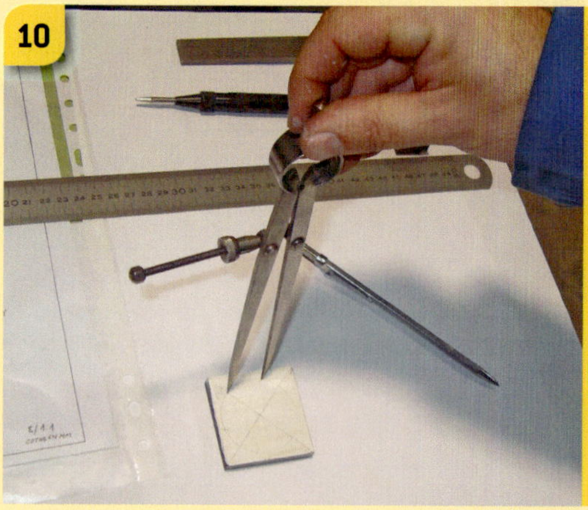

Con la misma abertura de 25 mm de radio tomada en el compás, cortamos o dividimos la circunferencia en seis partes iguales, empezando en el extremo donde coincide el radio con la circunferencia.

Los cortes o divisiones se deben realizar con mucha precisión, ya que si no fuese así, se arrastrarían las variaciones y el último corte no coincidiría con el primero, obteniéndose lados desiguales.

PROCESO EN EL TRAZADO DE UNA PIEZA HEXAGONAL (continuación)

11

Trazar las líneas de unión entre las divisiones de la circunferencia, para obtener los lados del hexágono.

Se deben realizar líneas paralelas a los lados obtenidos del hexágono, para salvar la medida cuando se mecanice la pieza con el corte y el limado, y poder así obtener un acabado de precisión.

12

Trazar las líneas desde el centro de cada lado hacia el centro de la pieza, con una longitud de 10 mm, para su posterior corte con el arco de sierra.

Trazar el círculo central de 4 mm de diámetro para realizar posteriormente el taladro de la pieza hexagonal.

Y por último, si fuese necesario, realizar el graneteado de los puntos de referencia de las líneas, para que estas no desaparezcan.

3.8. MANUALES TÉCNICOS DE TALLER

Los manuales técnicos de taller, nos muestran los procesos a seguir en las operaciones de desmontaje, montaje y verificación de cada uno de los elementos que componen las partes mecánicas, eléctricas y electrónicas del vehículo.

En la Figura 3.83, se detallan los pasos que se deben seguir para la verificación y el montaje de un bloque motor después de su rectificación. En ella se muestra un croquis de dibujo con los datos de cotas de diámetro y altura para su comprobación.

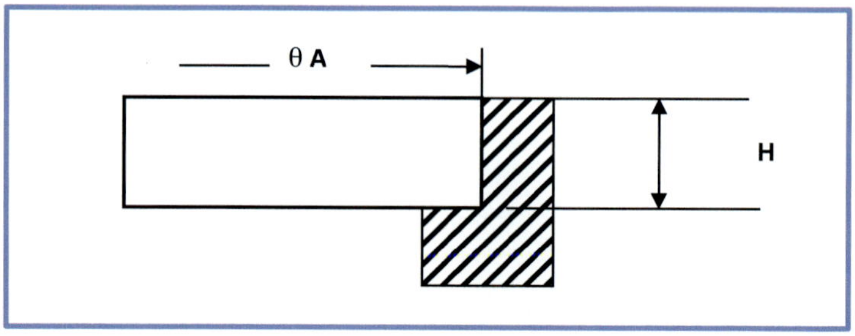

Verificaciones:
Limpie los cilindros y, principalmente, el asiento del collar de las camisas.
Verifique las dimensiones del asiento de las camisas.
Diámetro A =102,0 + 0,4 mm
Altura H = 5,96 + 0,04 mm
Verifique el estado general con relación a grietas y deformaciones.

Montaje:
Diámetro externo de la camisa = 96,59 – 96,095 mm
Mínima interferencia entre bloque y camisa = 0,048 mm.
Pulverice bisulfuro de molibdeno o similar en el interior de los cilindros del bloque antes del montaje de las camisas.
Monte las camisas en una prensa, usando una carga de 4500 ± 100 kgf

Figura 3.83. Ejemplo de procesos de un manual de taller.

La Figura 3.84 es otro ejemplo con texto e imágenes de un manual de taller.

Montaje del cigüeñal
Monte los eyectores de aceite para enfriamiento de los pistones con arandelas nuevas y apriete conforme al especificado.
Los eyectores deben apuntar hacia el centro de los cilindros.
Compruebe la conicidad de las muñequillas del cigüeñal antes de montarlo.

Figura 3.84. Ejemplo de procesos de montaje del cigüeñal en un manual de taller.

3.8.1. Información de los manuales de taller

Los manuales de taller o manuales de reparación contienen información detallada de los principales elementos de un vehículo. A continuación se relacionan algunos de ellos: motor, gestión de motor, sistema de transmisión de fuerza, diagnosis, suspensión, EOBD, sistema eléctrico y electrónico, carrocería y pintura, entre otros.

Los manuales de taller contienen datos técnicos para la sustitución de piezas, reparación y puesta a punto, que corresponden a las indicaciones de los fabricantes de vehículos. A continuación se relacionan los datos técnicos que aparecen en un manual: datos generales del vehículo, frenos, sistema de encendido, correas, especificaciones de lubricantes, iluminación, cantidades de llenado (niveles), datos de emisiones, pares de apriete, suspensión, sistema de combustible, sistema eléctrico y electrónico, entre otros.

Estos manuales de taller pueden encontrarse en soporte papel (Figura 3.85), en DVD o en formato *online* (Figura 3.86), este último es el más utilizado en los talleres de reparación, ya que se actualiza automáticamente a través de la red.

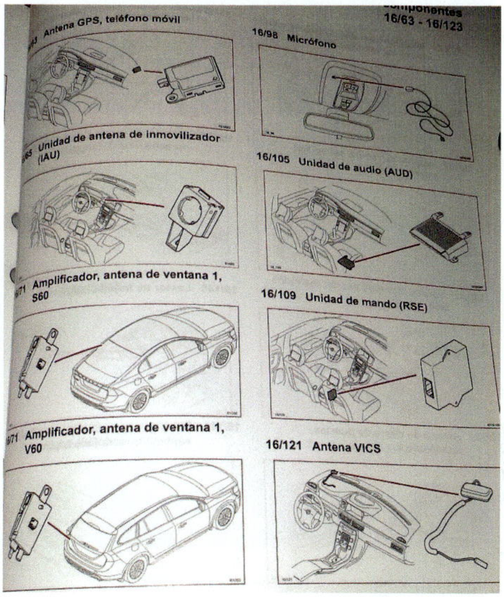

Figura 3.85. Manual de taller en formato papel.

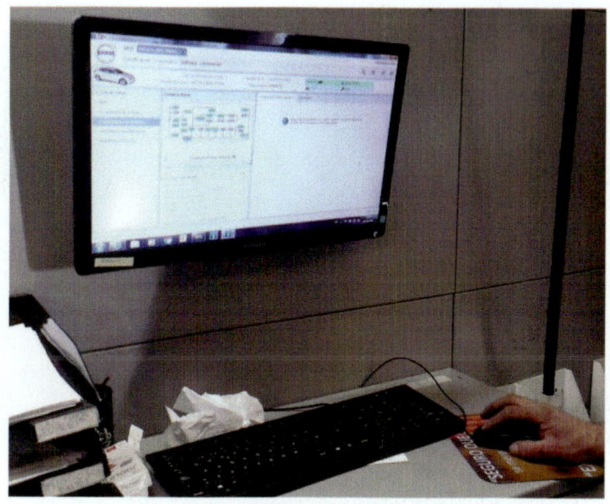

Figura 3.86. Manual de taller en formato *online*.

3.9. CÓDIGOS Y REFERENCIAS DE PIEZAS

Cada pieza tiene un código y una referencia impresa en su fabricación. Estos sirven como información para conocer qué pieza es y las características que tiene. Al ser codificada por el fabricante se utiliza a nivel general, es decir, cualquier almacén con **el código y la referencia de la pieza** puede solicitarla sin que exista margen de error en el suministro.

Figura 3.87. Código de referencia de una pieza de la marca Volvo.

En la Figura 3.87 podemos ver una pieza de la marca Volvo con su código de referencia y código de barras para su tratamiento digital.

La codificación de piezas facilita el trabajo en las diferentes áreas de talleres y concesionarios.

Estas áreas son: electromecánica (Figura 3.88), recambios (Figura 3.89), carrocería y pintura (Figura 3.90) y almacén (Figura 3.91).

Figura 3.88. Área de electromecánica.

Figura 3.89. Área de recambios.

Figura 3.90. Área de carrocería y pintura.

Figura 3.91. Área de almacén.

Por ejemplo, en el servicio posventa de un concesionario, el área de recambios es la encargada de abastecer de piezas de vehículos a los talleres. El departamento de recambios se subdivide a su vez en dos áreas complementarias. Por un lado, la venta externa, y por otro, el suministro interno al propio taller.

El área de almacén abastece de piezas de recambio y de útiles de desmontaje y montaje que facilitan la sustitución de piezas en la reparación de vehículos (Figura 3.92).

Figura 3.92. Útiles de desmontaje y montaje con sus códigos de referencia.

ACTIVIDADES FINALES

3.1. ¿A qué equivale la numeración 2 en la clasificación de los lapiceros?

a) HB.
b) 4.
c) F.
d) 4H.

3.2. ¿Qué ángulos forman los lados de un cartabón?

a) 60º, 30º, 15º.
b) 90º, 45º, 45º.
c) 90º, 60º, 30º.
d) 90º, 60º, 45º.

3.3. ¿Cuál es la definición de segmento en dibujo técnico?

a) Es la recta limitada por dos puntos diagonales.
b) Es la recta auxiliar con dos extremos.
c) Es la parte recta limitada en un extremo.
d) Es la parte recta limitada en sus extremos.

3.4. ¿Cuál es la definición de un triángulo escaleno?

a) Es el triángulo que tiene los tres lados iguales.
b) Es el triángulo que tiene los tres lados desiguales.
c) Es el triángulo que tiene dos lados iguales y uno diferente.
d) Es el triángulo que tiene dos ángulos iguales.

3.5. ¿Cuál de las siguientes correspondencias entre las vistas es la correcta?

a) La vista superior, la inferior y el alzado tienen la misma altura.
b) Las vistas laterales y el alzado tienen la misma anchura.
c) La vista lateral, la vista inferior y la superior tienen la misma altura.
d) La vista inferior, el alzado y la vista superior tienen la misma anchura.

3.6. ¿A qué se denomina magnitudes?

a) Son las propiedades del mecanizado en su total magnitud.
b) Son las propiedades físicas que se pueden medir.
c) Son las propiedades físicas que se pueden medir y por tanto comparar.
d) Son las unidades físicas que se pueden comparar.

3.7. ¿Cuál es la equivalencia en metros de un micrómetro (μm)?

a) 10-6 metros.
b) 10-9 metros.
c) 10-1 metros.
d) 102 metros.

3.8. ¿En qué se basa el fundamento del nonius?

a) En realizar 10 divisiones en el nonius sobre un total de 10 – 1 = 9 de la regla fija.
b) En crear 10 divisiones en el nonius sobre el total del número de divisiones de la regla fija.
c) En realizar 20 divisiones sobre la primera división del nonius.
d) En crear 10 divisiones en la regla fija y la mitad en el nonius.

3.9. ¿Cuál de los siguientes elementos son instrumentos de medida directa para magnitudes lineales?

a) El calibre, el goniómetro y el transportador de ángulos.
b) La regla graduada, el calibre y el tornillo micrométrico.
c) El metro, la regla graduada y el alexómetro.
d) El tornillo micrométrico, el reloj comparador y la regla vertical o de altura.

3.10. ¿Qué cantidad se le añade a la medida realizada con el micrómetro, cuando en su tambor no coincide exactamente ninguna división?

a) 0,010 centésimas de milímetro.
b) 0,005 milésimas de milímetro.
c) 1/0,5 mm.
d) 2/0,05 mm.

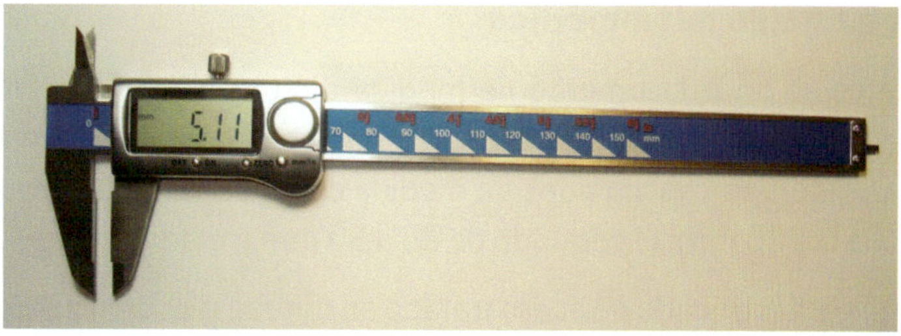

Figura 4.19. Calibre de precisión digital.

Diferencias:

- Dispone de una segunda corredera en la parte superior que facilita el ajuste de una medida con mayor precisión y rapidez.
- Los extremos de sus bocas o palpadores están ideados para realizar medidas exteriores e interiores, sustituyendo a las orejetas.
  - Medidas exteriores: estas se realizan con las caras interiores de los palpadores, como se muestra en la Figura 4.20, zona (a).
  - Medidas interiores: para la realización de medias interiores se emplean las caras exteriores de los palpadores (Figura 4.20, zona (b)).
- No están provistos de varilla de profundidad.

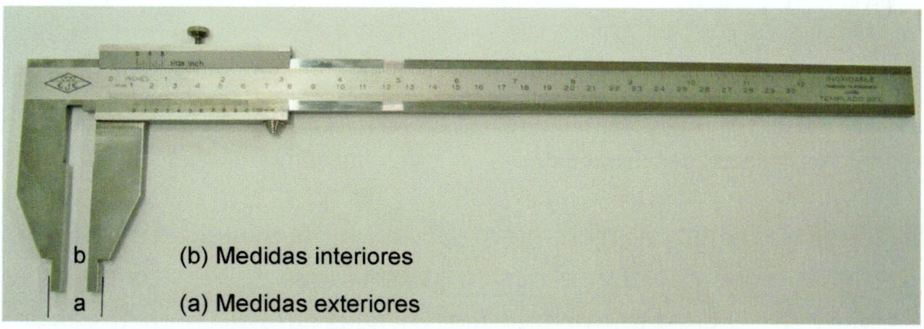

Figura 4.20. Calibre o pie de rey de tipo tornero.

También podemos encontrar el calibre o pie de rey para la medición de ruedas dentadas (Figura 4.21). Su finalidad es medir el espesor de los dientes de las ruedas dentadas a una determinada altura, para ello incorpora una regla vertical, que deberemos ajustar, para poder medir el espesor de los diferentes dientes de una rueda dentada.

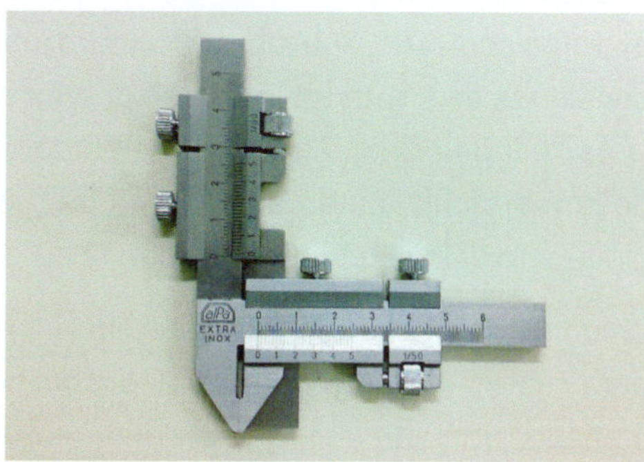

Figura 4.21. Calibre o pie para ruedas dentadas.

■ Palmer o tornillo micrométrico

El micrómetro es un instrumento de medida directa utilizado principalmente para medir con precisión de centésimas de milímetro. Estos los podemos encontrar para distintas capacidades de medida como se ven en la Figura 4.22. El primero es de 0 a 25 mm, el segundo de 25 a 50 mm y el tercero de 50 a 75 mm.

Este aparato está fabricado de acero tratado en dureza y estabilizado. Su funcionamiento se basa en el principio de «tuerca y tornillo» (Figura 4.23), ya que si tomamos una tuerca fija (a) y un tornillo móvil (b), podemos contar las vueltas del tornillo para saber la distancia recorrida por este en su desplazamiento (c).

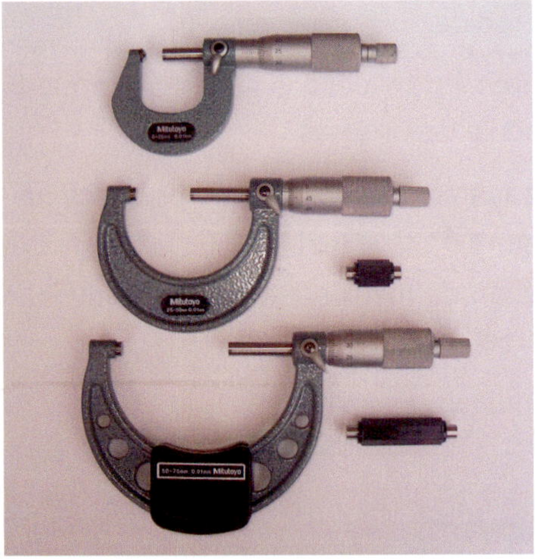

Figura 4.22. Palmer o tornillo micrométrico de diferentes capacidades de medidas.

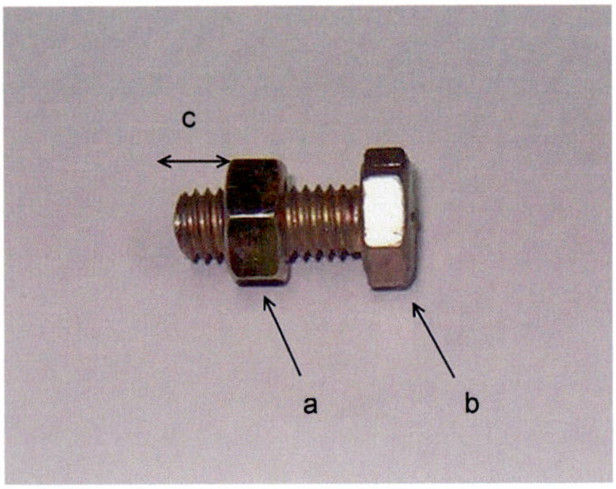

Figura 4.23. Principio de funcionamiento del micrómetro «tuerca y tornillo».

Las partes de que consta el micrómetro son las que se muestran en la Figura 4.24 y se describen a continuación: el cuerpo (1) en forma de «U» consta de dos extremos, uno exterior que tiene un tope fijo (2), cuya cara de contactos es de acero duro templado y laminado plano, y otro extremo con tope móvil (3), también fabricado del mismo material que el tope fijo y colocado al final del husillo (4). En el extremo contrario, aparece un cilindro interno con una regla graduada fija (5), con divisiones de 1 mm en la parte superior de la regla o cilindro (a) y de 0,5 mm en la parte inferior (b). Alrededor de esta tenemos el tambor (6), que gira alrededor de la tuerca fija, esta es de forma de tubo con una regla graduada impresa con cincuenta divisiones, que nos dan la apreciación de 0,01 mm.

Unido al tambor lleva un moleteado (7) para facilitar la precisión de la medida, y para incrementar el ajuste de medición, tiene un dispositivo limitador de precisión llamado trinquete (8), que permite realizar medidas con una fuerza de contacto constante, También incorpora un freno (9) y el tornillo del trinquete (10).

Por último, se adjunta con el micrómetro una llave de ajuste (11) y la escala de rango de medición (12).

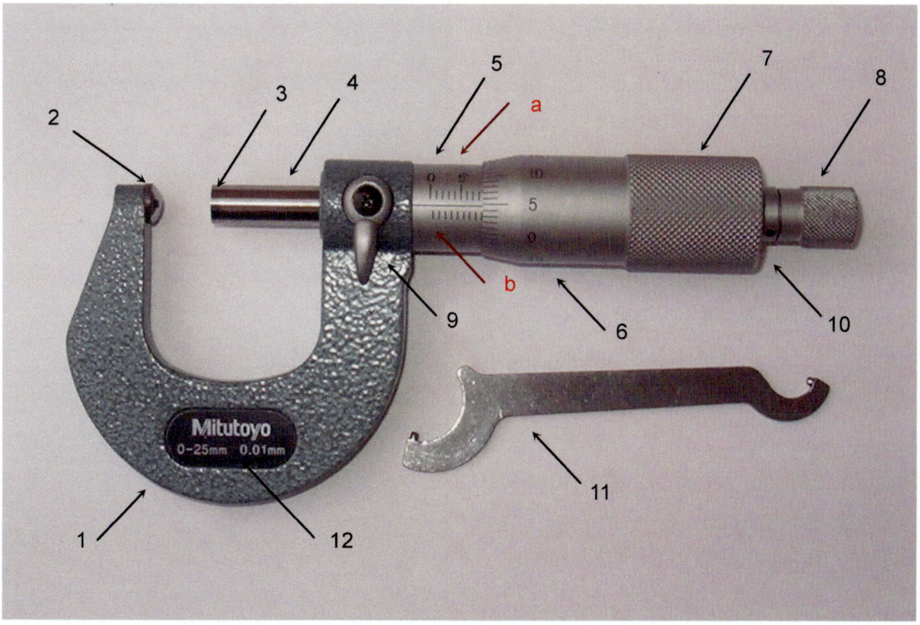

Figura 4.24. Palmer o tornillo micrométrico de diferentes medidas.

■ Tornillos micrométricos especiales

También podemos encontrar tornillos micrométricos para usos especiales, como el mostrado en la Figura 4.25, con topes de platillos para la medición de espesor de dientes de engranajes y del paso entre varios dientes.

En la Figura 4.26 se observa un micrómetro de lectura digital. Este micrómetro está dotado de un contador, que da la lectura directa con una precisión de una centésima de milímetro; además, el tambor graduado permite recordar la segunda cifra decimal.

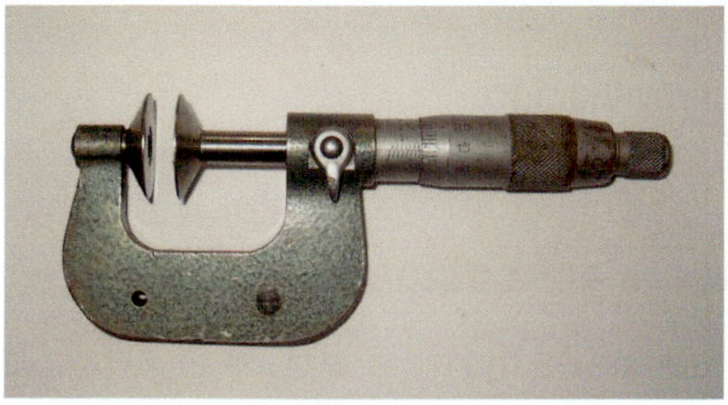

Figura 4.25. Tornillo micrométrico con topes de platillos.

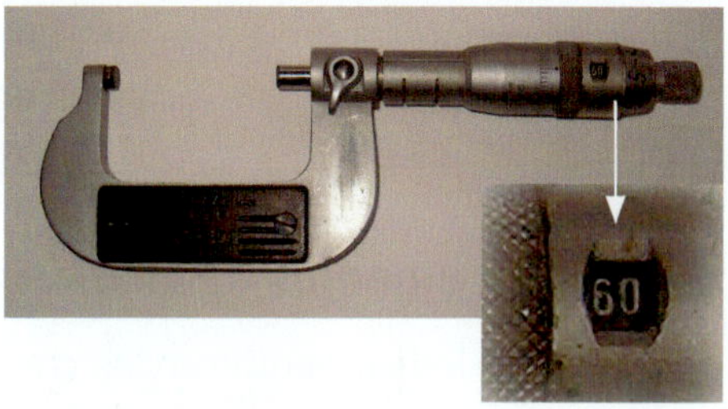

Figura 4.26. Tornillo micrométrico de lectura digital.

Las ventajas de la lectura directa digital en estos instrumentos de medida son grandes, ya que es muy difícil equivocarse al tomar la lectura.

Otro tipo de micrómetro especial es el micrómetro de interiores (Figura 4.27). Está basado en el mismo principio de funcionamiento que los micrómetros y se utiliza para la medición de diámetros interiores o de distancias entre planos paralelos.

El juego viene provisto de varillas alargadas de varias longitudes, para facilitar la medición de diferentes capacidades de medidas. Se pueden medir longitudes entre 50 mm y 200 mm con una precisión de 0,01 mm.

Para facilitar la medición de interiores en taladros de diámetros pequeños, se emplea el micrómetro de topes (Figura 4.28). En este aparato se desplazan los topes, colocados a 120°, al girar el tambor de medición y muestran la medida del diámetro interior del agujero.

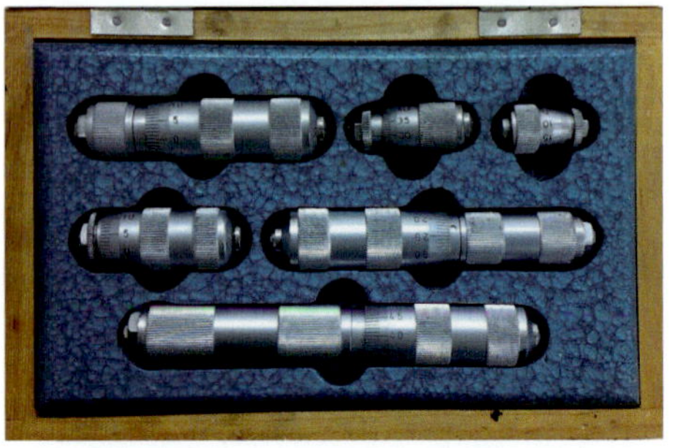

Figura 4.27. Tornillos micrométricos de interiores.

Figura 4.28. Tornillo micrométrico de topes para mediciones interiores.

4.4. APARATOS DE MEDIDA POR COMPARACIÓN

Los instrumentos de medida por comparación son aquellos en los que el resultado de la medida obtenida se compara con una medida fija conocida. Entre ellos podemos encontrar dos tipos: instrumentos de medida directa por comparación e instrumentos de medida indirecta por comparación.

4.4.1. Instrumentos de medida directa por comparación

Son aquellos instrumentos en los que la medida es fija y viene dada en el propio útil.

Las escuadras y sus tipos

Las escuadras se emplean para la comprobación del ángulo que forman dos superficies. Tienen forma de «L» y sus brazos son desiguales, formando tanto en el interior como en el exterior un ángulo de 90º (Figura 4.29).

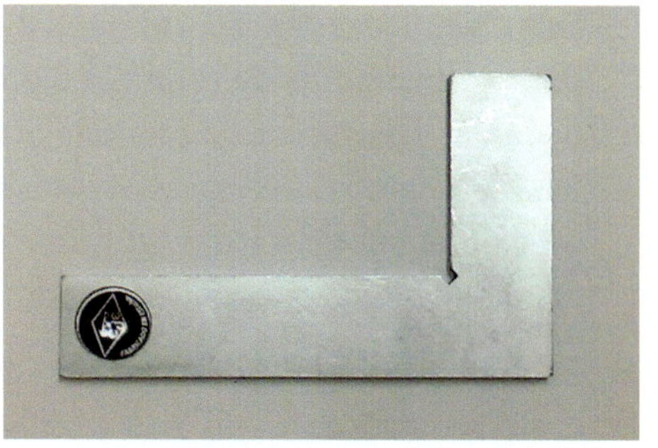

Figura 4.29. Escuadra plana.

Aunque las verdaderas escuadras son las que forman un ángulo de 90º, también se llaman escuadras las que forman ángulos diferentes como: 45º, 60º, 120º y 135º, pero su nombre verdadero sería plantillas angulares. Un ejemplo de ellas se puede ver en la Figura 4.30 con un ángulo de 120º.

Figura 4.30. Escuadra de 120°.

Según su forma, existen escuadras de varios tipos:

- **Escuadra plana:** incorpora un pequeño taladro en el vértice interior para facilitar la aproximación de las superficies a verificar (Figura 4.29).
- **Escuadra de solapa:** lleva incorporada una superficie plana en su base para facilitar las medidas perpendiculares, y el solapamiento con una de las aristas de la pieza a trabajar (Figura 4.31).

Figura 4.31. Escuadra de solapa.

Figura 4.32. Falsa escuadra.

- **Falsa escuadra:** es un útil en el cual se puede variar el ángulo de medida, para su comparación, con el objeto de poder verificar cualquier ángulo sin necesidad de recurrir a plantillas de ángulos (Figura 4.32). Antes de empezar a comprobar el ángulo, es necesario tomar sobre la falsa escuadra, por medio del goniómetro o en su defecto con el transportador de ángulos, el valor del ángulo que se desea examinar.
- **Escuadra triangular:** con los ángulos de 90º y 45º (Figura 4.33) y la escuadra graduada, que como su nombre indica, lleva inscrita en ella una regla graduada para facilitar las mediciones (Figura 4.34).

Figura 4.33. Escuadra triangular.

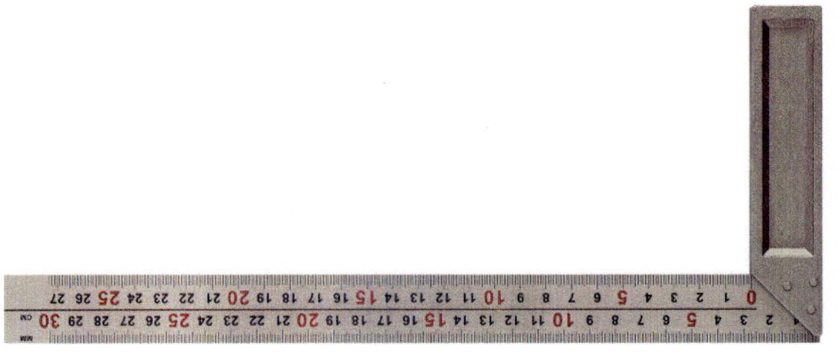

Figura 4.34. Escuadra graduada.

■ Calibre de espesores

Los calibres de espesores, también llamados galgas (Figura 4.35), son una serie de láminas calibradas con diferentes grosores, que van desde 0,05 mm hasta 100 mm, dispuestas de 0,05 centésimas de milímetro sumadas a la anterior secuencialmente, por ejemplo 0,05 - 0,10 - 0,15 - 0,20 - 0,25 - ... 100 mm.

Se utilizan para medir por comparación el espacio entre dos piezas y comprobar su holgura. Para realizar la medición se introducen las láminas de los diferentes espesores, asegurándose de cuál de ellas corresponde con el hueco existente y determinar así su separación.

■ Peines de roscas

Los peines de roscas (Figura 4.36) son unas láminas gruesas, que llevan practicado en uno de sus extremos una plantilla con la forma de las distancias entre los hilos o filetes de un tornillo, denominado paso. Sirven para verificar esta distancia e identificar las características del tornillo o tuerca.

Figura 4.35. Calibre de espesores.

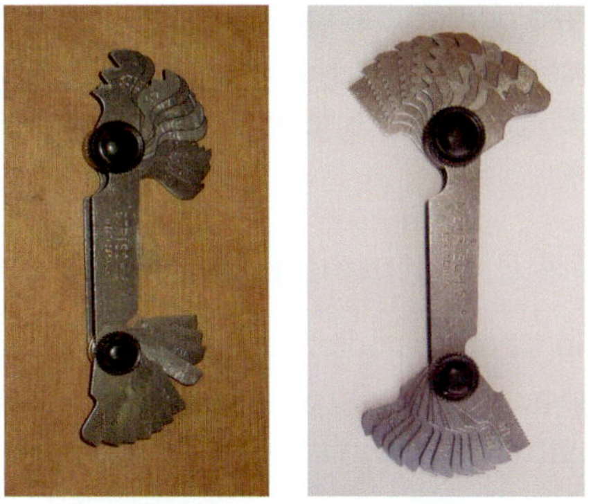

Figura 4.36. Peines de roscas de pasos métrica y Whitworth.

Existen dos tipos de peines de roscas, el primero para medidas de paso de tornillos de rosca métrica (60°), cuya medida viene indicada en milímetros, y el segundo para roscas Whitworth (55°), expresadas en pulgadas. La forma de proceder para su comprobación es la siguiente (Figura 4.37):

Figura 4.37. Comprobación del paso de un tornillo con el peine de roscas.

1. Elegimos una lámina de las que tenemos en el peine de roscas que más se aproxime al paso del tornillo o de la tuerca a comprobar.
2. La colocamos encima de los hilos roscados del tornillo o de la tuerca, y comprobamos que se acople perfectamente entre los hilos o filetes; si no fuese así, elegiremos una lámina con un paso superior o inferior.
3. Una vez localizada la lámina correcta, observaremos la numeración grabada en su frontal, de esta forma habremos conseguido comprobar cuál es el paso del tornillo o tuerca.

Para finalizar, tan solo se debería medir con el calibre el diámetro, para determinar las características del tornillo o tuerca.

■ Plantillas de radios

Son unas láminas gruesas en cuyos extremos llevan practicados unos arcos con radios de diferentes medidas.

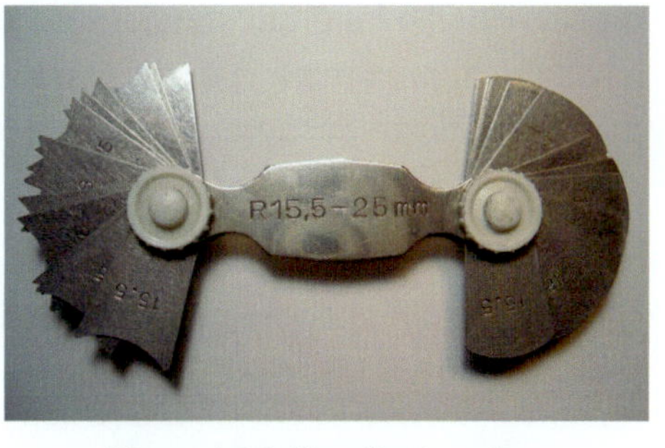

Figura 4.38. Plantilla de radios.

Para comprobar los arcos realizados en las piezas, se superponen las plantillas sobre los arcos, ya sean estos interiores o exteriores (Figura 4.38). Este tipo de plantillas se fabrican de láminas de acero templado.

4.4.2. Instrumentos de medida indirecta por comparación

No siempre podemos realizar medidas directas, porque existen variables que no se pueden medir, para ello utilizaremos una medida por comparación, es decir, con patrones de la misma naturaleza, y estas las denominaremos medidas indirectas.

A continuación se describen algunos de estos instrumentos de medida indirecta por comparación.

■ Nivel de burbuja

Es un instrumento que se utiliza generalmente para verificar la horizontalidad, verticalidad e inclinación de las superficies planas (Figura 4.39). Los niveles de burbuja están formados por un tubo de vidrio o plástico, que contiene en su interior alcohol y una burbuja de aire.

La burbuja de aire, debido a su menor densidad con respecto al alcohol, se alojará siempre en la parte superior del cilindro, y se desplazará a un lado o a otro al producirse una inclinación en el nivel.

Figura 4.39. Nivel de burbuja.

Para verificar que una superficie es totalmente horizontal o vertical, se debe realizar la comprobación con el nivel en dos direcciones perpendiculares de la misma.

■ Reloj comparador

Es un instrumento que se utiliza como medición indirecta para determinar la medida de una longitud, mediante la comparación de esta con una medida conocida muy próxima a la que tratamos de medir. Los aparatos que se emplean para la medición por comparación se llaman comparadores.

En el reloj comparador, la medición obtenida será igual a la longitud conocida o patrón más o menos una cantidad, es decir, sumándole o restándole la diferencia obtenida en el comparador, al realizar la medida sobre la pieza a comparar (Figura 4.40).

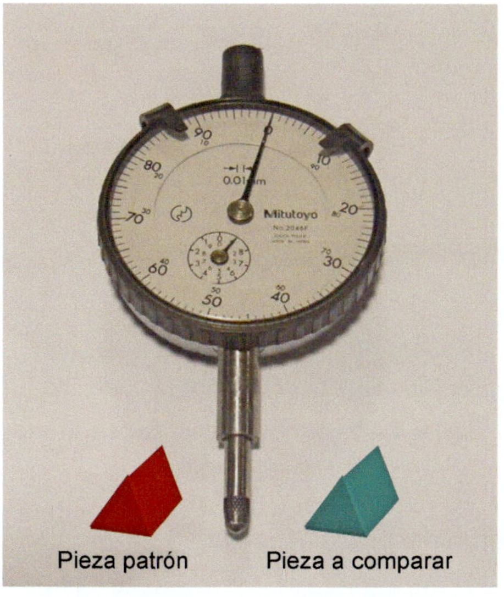

Figura 4.40. Elementos necesarios para la obtención de una medida por comparación.

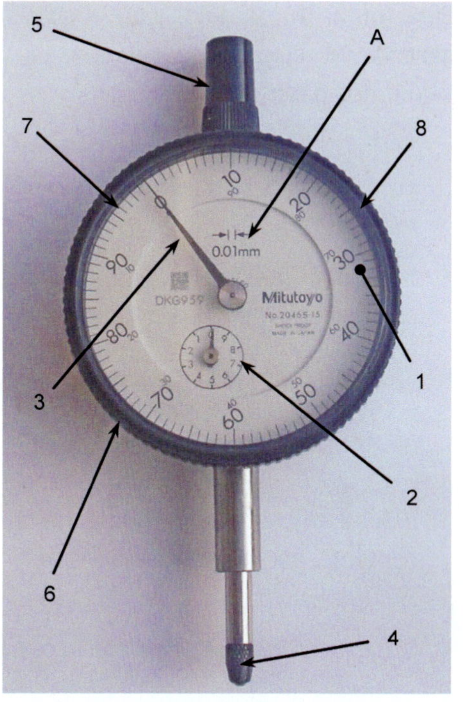

Figura 4.41. Partes de un reloj comparador.

Estos instrumentos tienen una precisión que va desde 0,01 mm a 0,001 mm.

En la Figura 4.41 se pueden ver las partes que constituyen un reloj comparador. Como puede apreciarse, está formado por una esfera graduada (1) dividida en cien partes, con una apreciación de 0,01 mm, por tanto cada división equivale a una centésima de milímetro (A). Dentro de esta esfera se puede observar otra más pequeña (2), que cuenta las vueltas de la aguja (3) al desplazarse longitudinalmente el palpador (4). El pulsador fijador de la parte superior (5) se utiliza para desplazar el palpador hacia arriba.

La esfera (6) es giratoria, pudiendo coincidir el cero con la aguja en cualquier posición, también suele llevar unos índices desplazables (7 y 8), que delimitan el campo de tolerancia para una comprobación visual más cómoda y certera, tanto en defecto como en exceso.

Para poder utilizar el reloj comparador, se necesita un soporte que permita colocar este en cualquier posición para medir las diferentes superficies (Figura 4.42). Este soporte incorpora en su base un imán de gran potencia, para facilitar la fijación en superficies verticales o inclinadas (1). También incorpora un eje de acero con un prisionero de rueda (2), y un brazo articulado desplazable con el acoplamiento para el reloj comparador (3).

Para tomar una medida con el comparador de reloj, deben seguirse los siguientes pasos:

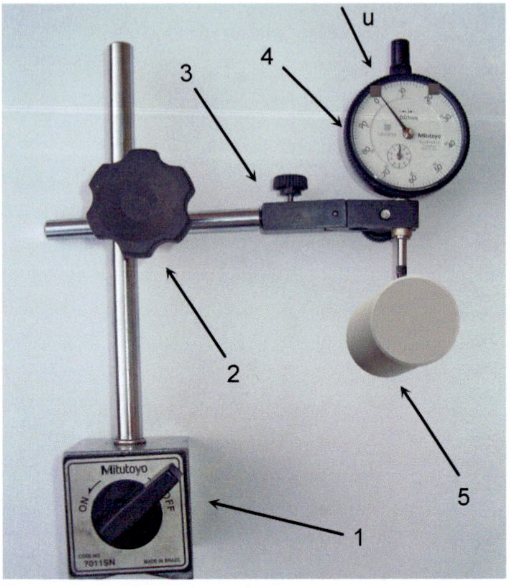

Figura 4.42. Soporte magnético para el reloj comparador.

- Se instala el comparador de reloj en el brazo articulado del soporte magnético (3).
- Se acopla la base magnética (1) en un lugar cercano a la pieza a comprobar.
- A continuación, se regula la altura del brazo articulado con el prisionero de rueda (2), hasta que el palpador del reloj comparador haga contacto, con cierta presión, sobre la superficie patrón de la pieza (5).
- Se realiza un ajuste fino con la oscilación del brazo articulado (3).
- Se ajusta el reloj comparador a cero. Para ello se hace girar la esfera (4) hasta que coincida con la aguja.
- Seguidamente, se colocan los índices (u) que delimitan la tolerancia admitida, tanto en exceso como en defecto.
- Se retira la pieza que ha servido como patrón (P) (Figura 4.43).
- Se coloca la nueva pieza a comprobar (C) (Figura 4.43).
- Y, por último, se toma la medida del reloj comparador, contando las vueltas de su aguja. Si esta se desplaza hacia la derecha, indicará exceso de medida y si por el contrario lo hace a la izquierda, indicará defecto.

Figura 4.43. Proceso de comparación con un reloj comparador, sobre la pieza patrón y la que se quiere comparar.

Figura 4.44. Comprobación de una superficie cilíndrica horizontal.

Con el reloj comparador se comprueban tanto superficies planas como cilíndricas.

Para comprobar superficies cilíndricas (Figura 4.44), se debe apoyar el palpador sobre la pieza, de tal manera que pueda girar alrededor de su eje.

En las Figuras 4.45a y 4.45b, pueden verse las diferentes comprobaciones que se pueden realizar con el reloj comparador en superficies planas y cilíndricas.

En las superficies planas (Figura 4.45a) son:

- El paralelismo, que es la diferencia entre la medida A y B.
- La rugosidad, que da idea del acabado final de la pieza.

Estas medidas se pueden realizar tanto en superficies horizontales como en verticales.

En las superficies cilíndricas (Figura 4.45b) son:

- La conicidad, que es la diferencia de las medidas tomas entre C y D, llegándose a formar por desgaste un cilindro con forma cónica.
- El ovalamiento, que es la diferencia de diámetros que aparece en un mismo cilindro (E-F y G-U).

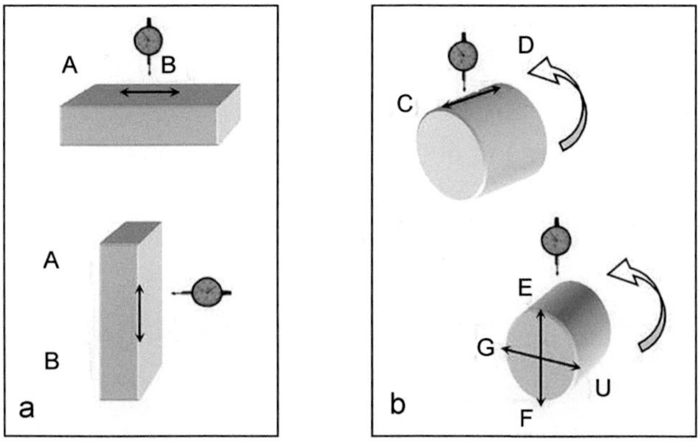

Figura 4.45. Diferentes comprobaciones de superficies planas y cilíndricas.

Reloj comparador de palanca

Otro tipo de reloj comparador es el que se muestra en la Figura 4.46, denominado reloj comparador de palanca o comparador de rugosidades.

Este aparato lleva incorporado un sistema de palancas en su interior, que son accionadas por su palpador (1). La forma para proceder a su medición es la siguiente: se coloca el palpador sobre una superficie, y siguiendo siempre la dirección de desplazamiento, indicada en la Figura 4.46, se desplaza el reloj comparador sobre la superficie. De esta forma se producirán variaciones en la aguja, indicando la medida de rugosidad de la misma.

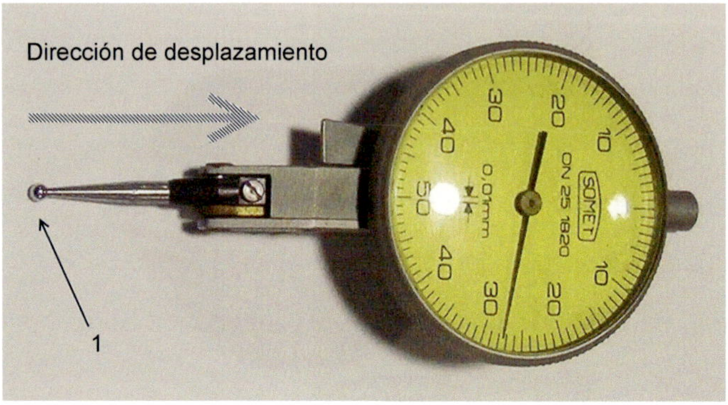

Figura 4.46. Reloj comparador de palanca.

■ Alexómetro

También llamado comparador de interiores, es un útil que acoplado a un reloj comparador, nos permite medir el interior de superficies cilíndricas. En la Figura 4.47 puede verse un alexómetro con todos sus componentes. Este consta de un reloj comparador (1), acoplado a una barra cilíndrica (2), en el extremo opuesto al reloj tiene un mecanismo (3) que se une en su interior con la barra cilíndrica y con el comparador. Para medir diferentes tipos de diámetros dispone de varios acoplamientos circulares (4), arandelas de diferentes grosores (5) y vástagos de empuje (6).

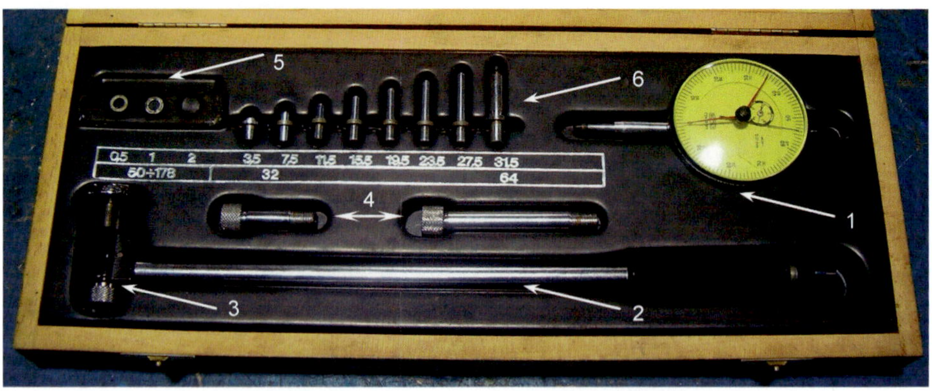

Figura 4.47. Alexómetro con todas sus partes.

4.5. ERRORES EN LA MEDICIÓN, TIPOS DE ERRORES

El **error** es la diferencia de un valor calculado y un valor real.

Al medir y comparar el valor exacto de una magnitud y el valor obtenido en la medición, se puede dar una diferencia, a esta diferencia se llama **error de medición.** Lo que vemos en la Figura 4.48 es un error al tomar la medida.

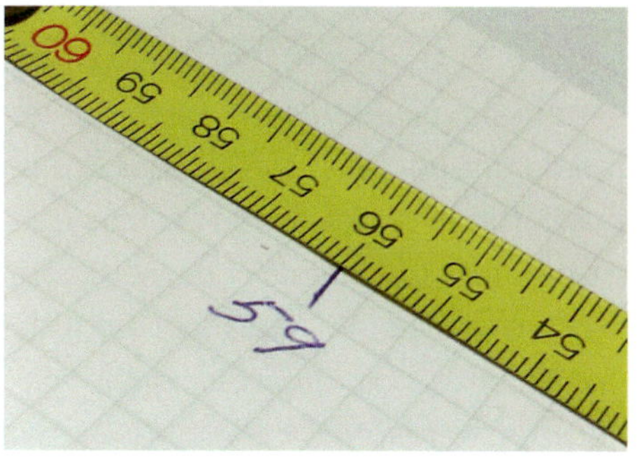

Figura 4.48. Error de medición.

4.5.1. Exactitud y precisión

La **exactitud** es la capacidad de un instrumento para medir un valor lo más cercano posible al valor de la magnitud real.

La **precisión** es la capacidad de medir magnitudes con un error mínimo.

4.5.2. Clasificación de los errores de medición

Dependiendo de la naturaleza y de las causas que producen, los errores de medición se pueden clasificar en tres categorías:

- **Errores groseros o fallas:** están provocados, principalmente, por distracciones del observador al medir.
- **Errores sistemáticos:** son errores provocados por instrumentos defectuosos o al ajustarlos. Este tipo de errores son muy habituales en el proceso de medición.
- **Errores accidentales o fortuitos:** son los que se producen siendo imposible determinar su causa.

4.5.3. Tipos de errores

Atendiendo a la clasificación de errores, en la medición se pueden observar diferentes tipos:

- Errores por el instrumento o equipo de medición.
- Errores por puntos de apoyo.
- Errores por método de sujeción del instrumento.
- Errores por desgaste.
- Errores del operador o por el modo de medición.

Errores por el instrumento o equipo de medición

Se clasifican dentro de los errores sistemáticos. Este tipo de error se puede dar por defecto de fabricación, por deformaciones en los propios instrumentos o equipos de medición, por falta de paralelismo, por falta de linealidad o por imperfecciones mecánicas, entre otros.

Figura 4.49. Instrumento de medida.

Errores por puntos de apoyo

Se producen al realizar incorrectamente la lectura de la medición por no apoyar el instrumento sobre puntos de apoyo, como los especiales antideslizantes y de seguridad. Este error suele producirse en instrumentos de medida de gran longitud (Figura 4.50).

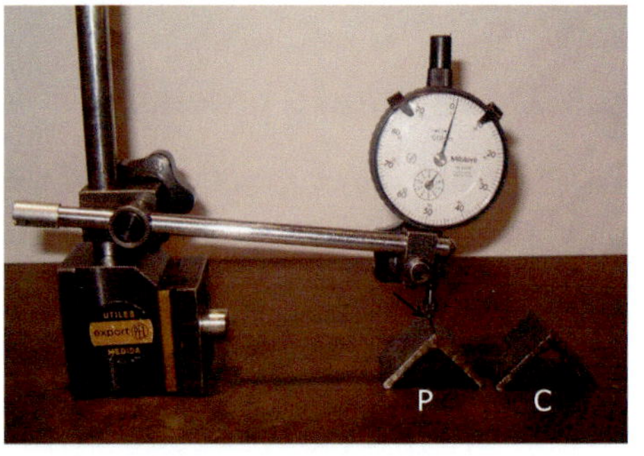

Figura 4.50. Punto de apoyo en una medición con un reloj comparador.

Errores por método de sujeción del instrumento de medida

La incorrecta utilización del método de sujeción del instrumento provoca errores en la lectura. Por ejemplo, un reloj comparador sujeto a gran distancia del soporte (Figura 4.51).

Error de posición

Es el provocado por la colocación incorrecta de las caras de la pieza a medir o de las sondas de medición de los instrumentos (Figura 4.52).

Figura 4.51. Sujeción del reloj comparador.

Figura 4.52. Error de posicionamiento.

■ Error por desgaste

Los instrumentos de medición sufren desgaste por su uso y este se acentúa por la mala utilización del mismo.

■ Errores del operador

Estos errores se deben, por ejemplo, a falta de agudeza visual, despiste, fatiga o a la incorrecta utilización del modo de medición, entre otros.

Figura 4.53. Error del operador.

4.6. NORMAS DE MANEJO DE ÚTILES DE MEDICIÓN EN GENERAL

Las normas del manejo de útiles de medición se basan en el concepto de apreciación de medidas y en la teoría del nonius.

4.6.1. Apreciación de medidas

La precisión de un aparato de medida está determinada por la exactitud con que se aproxima a la medición real. Teniendo en cuenta su apreciación, existen unos aparatos con mayor precisión y apreciación que otros. Por ejemplo, una regla graduada no tendrá la misma apreciación que un calibre, ya que una regla graduada nos permite tener una apreciación de 1 mm, mientras que en un calibre podremos tener una apreciación de hasta 1/50 partes del milímetro, o lo que es lo mismo 0,02 mm de apreciación.

4.6.2. Teoría del nonius

La Real Academia de la Lengua define el nonius como la pieza auxiliar que se superpone a una escala graduada y permite aumentar la precisión de la medida en una cifra decimal.

■ Fundamento del nonius

El fundamento del nonius se basa en realizar 10 divisiones en el nonius, sobre un total de una división menos en la regla fija (10 – 1 = 9 divisiones), como se muestra en la Figura 4.54, de tal forma que cuando las bocas de medición están totalmente cerradas, coinciden exactamente los ceros (círculo rojo) y la división 10 del nonius con la división 9 de la regla fija (círculo amarillo). Por tanto, la distancia existente entre el 1 del nonius y el 1 de la regla fija será de:

$$1 \text{ mm de la regla fija, menos } 9/10 \text{ del nonius} = 1 - 9/10 = 1 - 0{,}9 =$$
$$= 0{,}1 \text{ mm de apreciación}$$

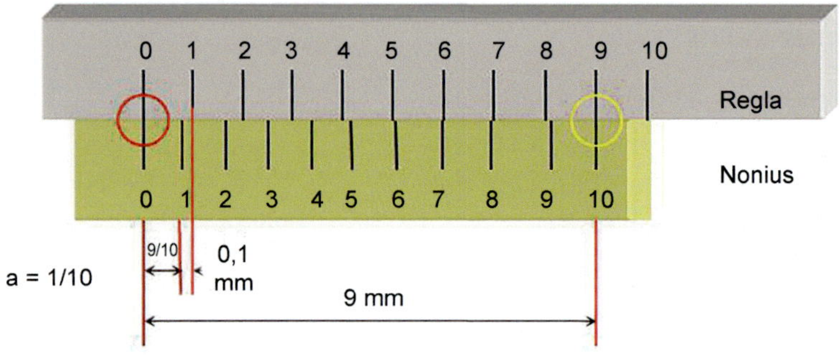

Figura 4.54. Fundamento del nonius 9/10 partes = 0,1 mm.

Igual razonamiento podemos aplicar a las divisiones en pulgadas, en relación con el nonius de las mismas divisiones. En la Figura 4.55 se ve una regla fija (A) dividida en 1/16", y una segunda (B) en la que se ha tomado una división igual a 7/16", que se ha dividido en ocho partes iguales.

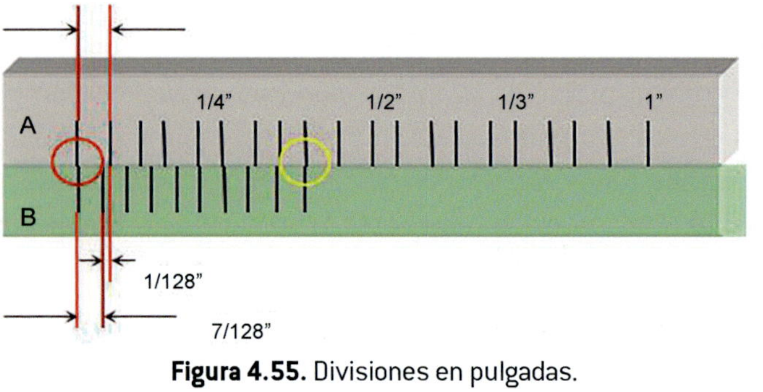

Figura 4.55. Divisiones en pulgadas.

Las divisiones de la regla (A) tendrán un valor de 1/16", y las de la regla (B), 7/16": 8 = 7/128". Luego la diferencia entre las dos divisiones será: 1/16" – 7/128" = 1/128", está última fracción es la apreciación del nonius.

■ Precisión del nonius

La precisión del nonius viene dada por el número de divisiones del nonius, cuantas más divisiones tenga mayor será la apreciación:

$$\text{Apreciación (a)} = \frac{\text{Menor división de la regla fija } d}{\text{Número de divisiones del nonius } n} = \frac{d}{n}$$

■ Tipos de nonius

Podemos encontrar principalmente tres tipos de nonius según su apreciación, de 10, 20 y 50 divisiones.

El de 10 divisiones tendrá una apreciación de 0,1 mm, como se vio en la Figura 4.54, el de 20 divisiones tendrá una apreciación de 0,02 mm (Figura 4.56), y el de 50 divisiones tendrá una apreciación de 0,05 mm, como se puede apreciar en la Figura 4.57.

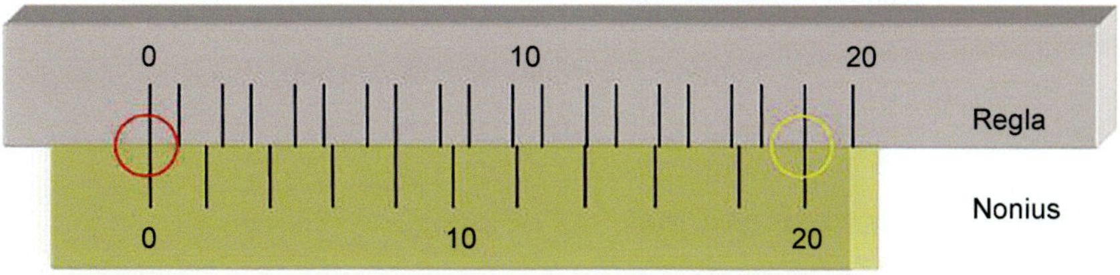

a = 1/20 = 0,02 mm

Figura 4.56. Nonius de 20 divisiones.

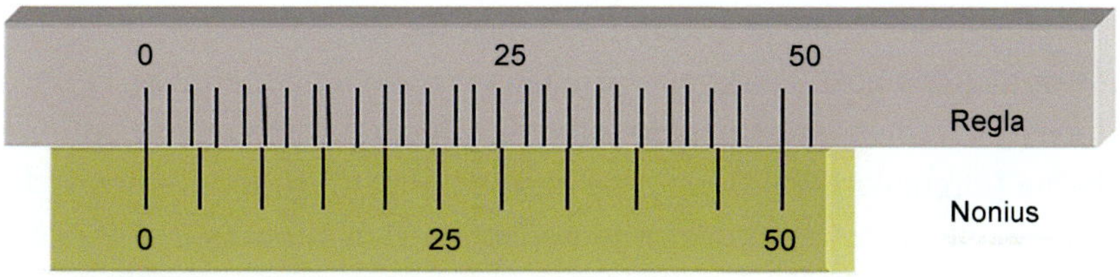

a = 1/50 = 0,05 mm

Figura 4.57. Nonius de 50 divisiones.

4.6.3. Proceso de medición con el calibre

Siempre que se mida con el calibre, se podrán presentar dos casos. El primero nos puede dar una medida exacta y el segundo una medida inexacta o decimal.

■ Medida exacta

Este tipo de medida se da cuando el cero del nonius coincide exactamente con una división de la regla fija, como se puede apreciar en la Figura 4.58 (círculo rojo). La medida coincide con la división 7.ª de la regla fija, por tanto el valor indicado será de 7 unidades y además también coincide el 10 del nonius con otra división de la regla fija, como se puede ver en el círculo amarillo, dando como consecuencia el valor exacto de 7 unidades y 00 décimas de milímetro (7,00 mm).

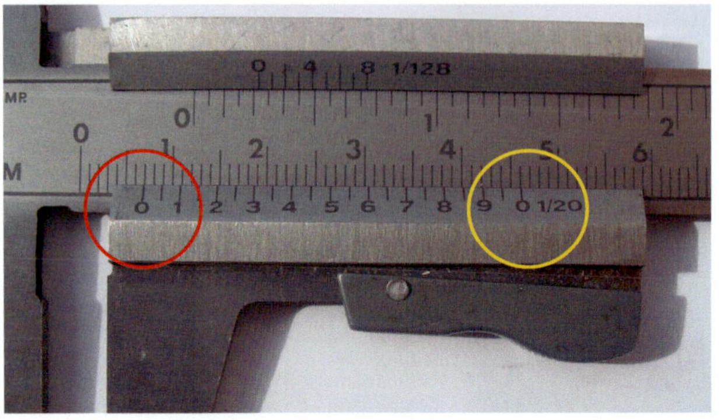

Figura 4.58. Medida exacta 7,00 mm.

■ Medida inexacta o decimal

Cuando el cero del nonius no coincide exactamente con una división de la regla fija, sino que se encuentra entre dos divisiones, como se puede apreciar en la Figura 4.59 (círculo rojo), esta medida no será exacta, por lo que miraremos las unidades de la regla fija que se encuentran a la izquierda del cero del nonius, obteniéndose así la parte entera de la medida, en este caso 7 unidades. Pero como vemos, se pasa de estas 7 unidades y para saber cuál es la parte decimal, observaremos qué trazo del nonius coincide exactamente con uno de la regla fija (círculo amarillo), en este caso es el 8, luego tendremos 8 décimas, obteniéndose como resultado una medida de 7 milímetros con 8 décimas de milímetro (7,80 mm).

Si en vez de coincidir con el 8, hubiese coincidido con la línea corta siguiente del nonius el (8 y medio), la medida obtenida sería de 7,85 mm.

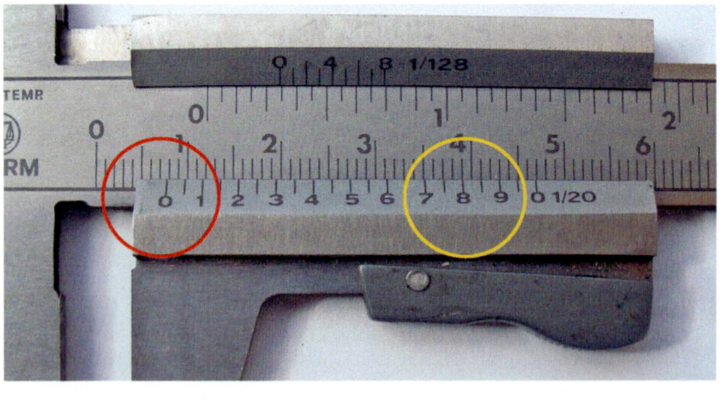

Figura 4.59. Medida inexacta o decimal 7,80 mm.

Para verificar que se ha comprendido la medición con el calibre, vamos a realizar la práctica de medición que se encuentra al final de la unidad, antes de las Actividades finales.

4.6.4. Proceso de medición con el tornillo micrométrico

Para poder realizar una medida correcta con el tornillo micrométrico, lo primero que se debe hacer es la calibración del aparato, procediendo de la siguiente manera:

1. Limpiar las caras de las superficies de medición con un papel o gamuza.
2. Cerrar cuidadosamente los topes para hacer coincidir el cero del tambor utilizando el dispositivo limitador de presión llamado trinquete.
3. Si no coincidiese la línea central de referencia de la regla graduada o cilindro, con el 0 del tambor, se procederá a la alineación de ambas marcas, utilizando para ello la llave de ajuste y siguiendo las siguientes indicaciones:

   a) Cuando la desviación se encuentre dentro de un margen de ± 0,1 mm se fijará el husillo con el freno y se ajustará el casquillo utilizando la llave de ajuste (Figura 4.60), introduciendo el tetón de la llave en el taladro posterior del casquillo exterior y girándolo hasta hacer coincidir la línea de referencia exactamente con el 0 del tambor.

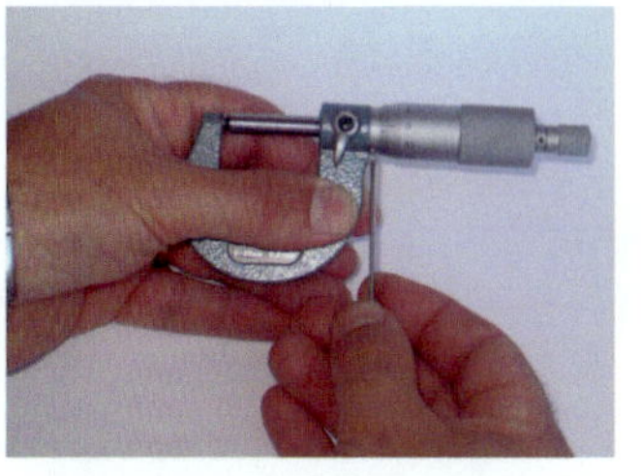

Figura 4.60. Ajuste del cilindro.

   b) Cuando la desviación sea superior a ± 0,1 mm se fijará el husillo con el freno y se ajustará la carraca utilizando para ello la llave de ajuste (Figura 4.61). Se presionará el tambor y se girará hasta que el 0 coincida exactamente con la línea de referencia del casquillo. Se apretará la carraca y se procederá al ajuste final como en el caso anterior (a).

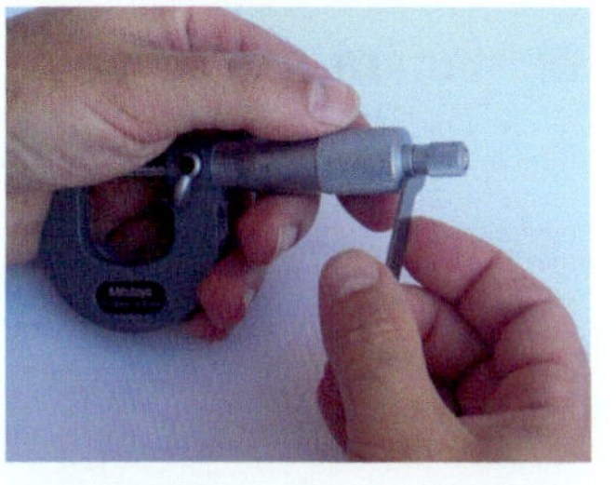

Figura 4.61. Ajuste del husillo.

Después de calibrar el aparato, se podrá proceder a realizar las mediciones con total fiabilidad. Se debe tener en cuenta que para los micrómetros de capacidades de medida de 25 a 50, 50 a 75 y 75 a 100, será necesario utilizar la barra calibradora con su correspondiente separación para poder realizar el ajuste, ya que este tipo de tornillos micrométricos no cierran sus topes tocándose entre ellos, como en el caso del micrómetro de capacidad 0 a 25.

Igual que ocurre con el calibre, en el tornillo micrométrico se producen dos tipos de medidas, una es exacta y la otra inexacta, también llamada decimal.

Como vimos anteriormente, el cilindro del tornillo micrométrico está dividido en milímetros en su parte superior y en divisiones de medio milímetro en la parte inferior. El tambor a su vez está dividido en 50 divisiones.

Medida exacta

Este tipo de medida se da cuando el cero del tambor coincide exactamente con la línea de referencia del cilindro, y el borde del tambor coincide también con una división de la parte superior del cilindro, dando como consecuencia una medida exacta, como la mostrada en el ejemplo en la Figura 4.62, de 2,00 mm.

También se dirá que es una medida exacta cuando coincida el cero del tambor con la línea de referencia del cilindro, y el borde del tambor, con una división de la parte inferior del cilindro [Figura 4.63], siendo esta medida de 2,50 mm.

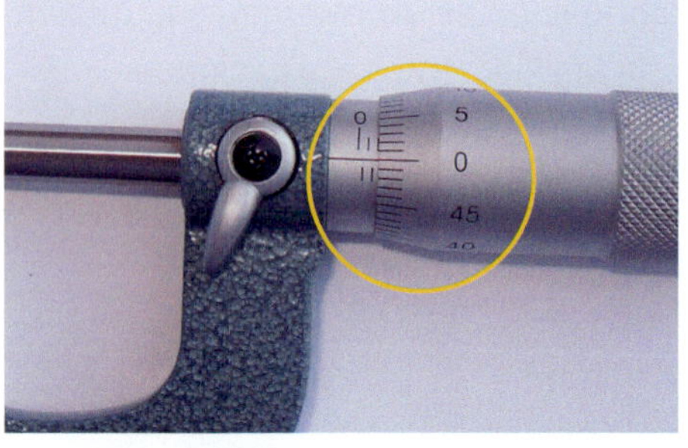

Figura 4.62. Medida exacta 2,00 mm.

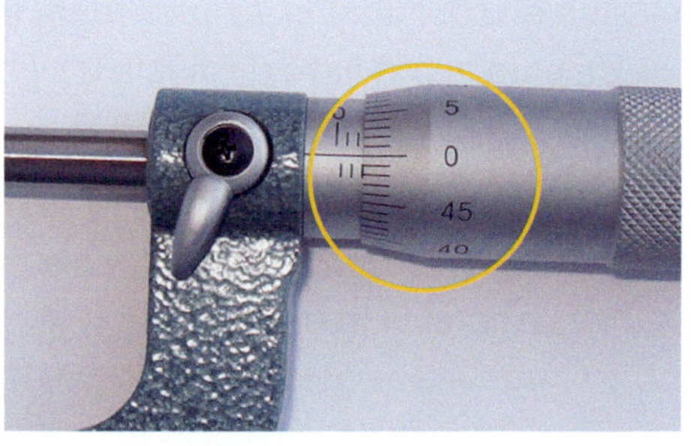

Figura 4.63. Medida exacta 2,50 mm.

Medida inexacta o decimal

Este tipo de medida se da cuando el cero del tambor no coincide con la línea de referencia del cilindro, ni el borde del tambor tampoco concuerda con ninguna división de la parte superior e inferior del cilindro, dando como consecuencia una medida inexacta como la mostrada en el ejemplo en la Figura 4.64. Para determinar esta medida se procederá de la siguiente manera:

1. Observaremos la medida que nos muestra la división de la parte superior del cilindro, en este caso es la división 6.ª, luego obtendremos 6 milímetros enteros.
2. Tomaremos la medida de la división de la parte inferior del cilindro, como aparece medio milímetro [0,5 mm], se lo sumaremos a los 6 milímetros enteros anteriores, dando como resultado 6,50 mm.
3. Ahora miraremos la medida del tambor. Como este, cada vez que avanza una vuelta, se le suma 0,5 mm por estar dividido en 50 unidades, se obtendrán valores de 0,01 centésima de milímetro. En el caso del ejemplo serán 40 unidades, que sumadas a la parte decimal de la medida anterior [0,50 + 0,40 = 0,90], darán como resultado una medida de 6 milímetros con 90 centésimas de milímetro.

Así, la **suma de medidas** será:

Medida de la parte **superior del cilindro:**	6,00 mm
Medida de la parte **inferior del cilindro:**	0,50 mm
Medida del **tambor:**	0,40 mm
Medida **total:**	6,90 mm

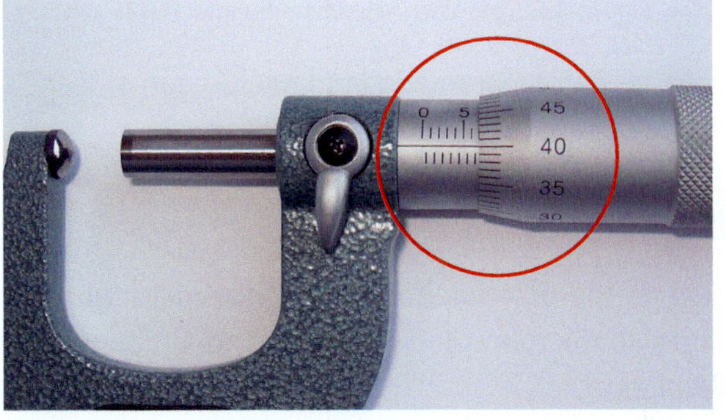

Figura 4.64. Medida inexacta o decimal 6,90 mm.

También puede darse el caso que la última media del tambor no coincida con un número exacto, como por ejemplo el 42, mostrado en la Figura 4.65. Ahora la medida obtenida será 6,00 + 0,50 + 0,42 = 6,92 mm.

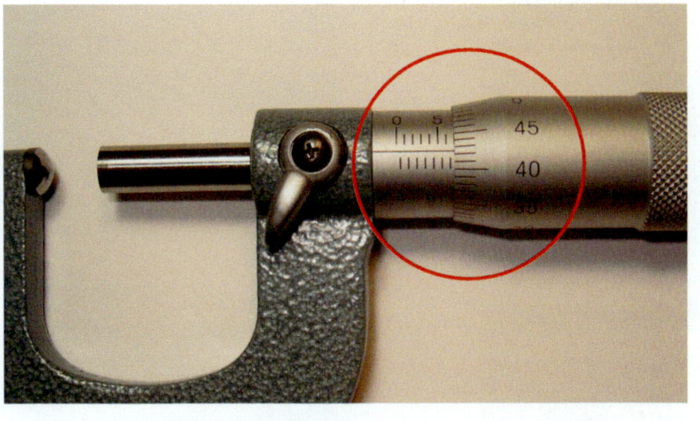

Figura 4.65. Medida inexacta o decimal 6,92 mm.

En algunas ocasiones, la línea divisoria no coincide con ninguna división del tambor y esta queda entre dos líneas (Figura 4.66). Cuando esto ocurra, recurriremos a sumarle una medida de estimación de un valor de 0,005 milésimas de milímetro. Por ejemplo, 6,00 + 0,50 + 0,42 + 0,005 = 6,925 mm.

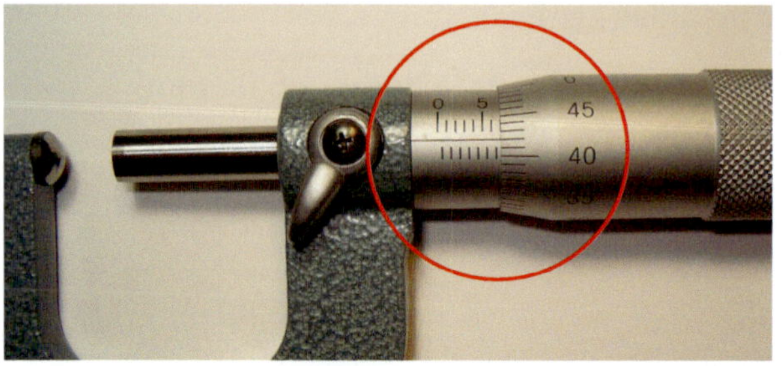

Figura 4.66. Medida inexacta o decimal 6,925 mm.

Para verificar que se ha comprendido la medición con el tornillo micrométrico, vamos a realizar la siguiente práctica de medición.

PRÁCTICA DE MEDICIÓN

En esta **práctica de medición** debes realizar las lecturas de las medidas con el calibre y el tornillo micrométrico o micrómetro, y apuntar el resultado en el cuadrado de respuestas.

Medida del calibre	Lectura de la medida	Medida del micrómetro	Lectura de la medida
	1.ª ,	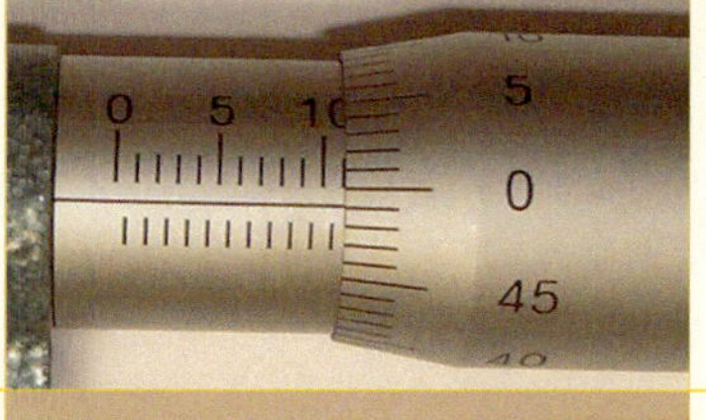	5.ª ,
	2.ª ,		6.ª ,
	3.ª ,	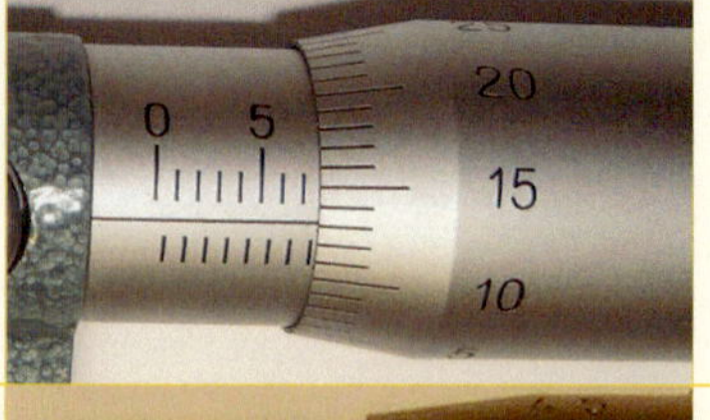	7.ª ,
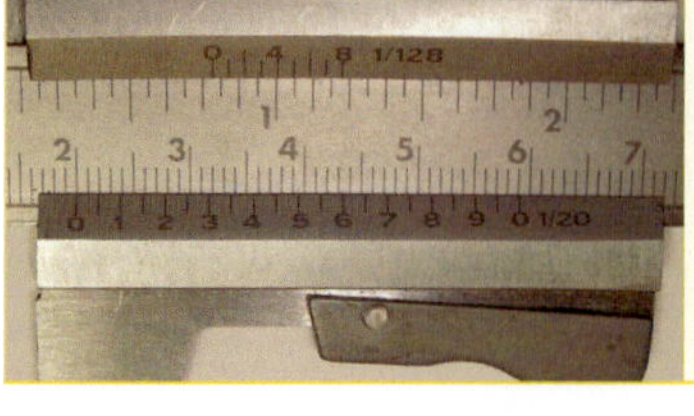	4.ª ,	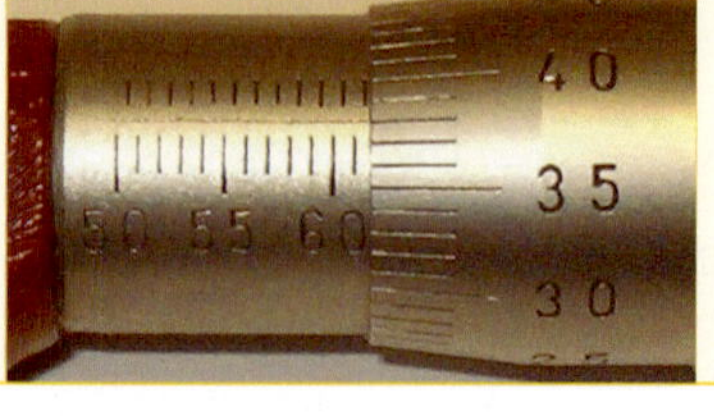	8.ª ,

ACTIVIDADES FINALES

4.1. ¿Cómo se definen las magnitudes?

a) Son las propiedades del mecanizado en su total magnitud.

b) Son las propiedades físicas que se pueden medir.

c) Son las propiedades físicas que se pueden medir y por tanto comparar.

d) Son las unidades físicas que se pueden comparar.

4.2. ¿Cuál es la equivalencia en metros de un micrómetro (μm)?

a) 10^{-6} metros.

b) 10^{-9} metros.

c) 10^{-1} metros.

d) 10^{2} metros.

4.3. En la conversión entre el sistema decimal y el inglés, ¿a qué equivalen 12,7 mm?

a) A 1/12".

b) A 3/8".

c) A 1/2".

d) A 3".

4.4. ¿Cuál es la fórmula de la apreciación del nonius?

a) Es el cociente entre la menor división de la regla fija y el número de divisiones del nonius.

b) Es el cociente entre la primera división de la regla fija y el número de divisiones del nonius.

c) Es el producto de la menor división del nonius por la mayor de la regla fija.

d) Es el cociente entre una división de la regla fija y 10 del nonius.

4.5. ¿Cuál de las afirmaciones siguientes es la más correcta?

a) En el sistema centesimal se divide en 100 partes las medidas para obtener los grados centesimales.

b) En el sistema sexagesimal se representan los grados con la letra g en el superíndice del número.

c) El ángulo recto en el sistema centesimal se divide en 90 partes iguales.

d) El ángulo recto en el sistema sexagesimal se divide en 90 partes iguales.

4.6. ¿Cuál de los siguientes elementos son instrumentos de medida directa para magnitudes lineales?

a) El calibre, el goniómetro y el transportador de ángulos.

b) La regla graduada, el calibre y el tornillo micrométrico.

c) El metro, la regla graduada y el alexómetro.

d) El tornillo micrométrico, el reloj comparador y la regla vertical o de altura.

4.7. ¿En qué se basa el fundamento del nonius?

a) En realizar 10 divisiones en el nonius sobre un total de 10 – 1 = 9 de la regla fija.

b) En crear 10 divisiones en el nonius sobre el total del número de divisiones de la regla fija.

c) En realizar 20 divisiones sobre la primera división del nonius.

d) En crear 10 divisiones en la regla fija y la mitad en el nonius.

4.8. ¿Qué cantidad se le añade a la medida realizada con el micrómetro, cuando en su tambor no coincide exactamente ninguna división?

a) 0,010 centésimas de milímetro.

b) 0,005 milésimas de milímetro.

c) 1/0,5 mm.

d) 2/0,05 mm

4.9. ¿Cómo se clasifican los errores de medición?

a) Errores sistemáticos, groseros y del operador.

b) Errores por puntos de apoyo, de sujeción y por desgaste.

c) Errores del modo de medición, del equipo y la forma de acoplamiento.

d) Errores groseros o fallas, sistemáticos y accidentales o fortuitos.

4.10. ¿Qué dos sistemas de medición se emplean en las mediciones angulares?

a) El centesimal y el decimal.

b) El centesimal y el sexagesimal.

c) El sexagesimal y el binario.

d) El sexagesimal y el decimal.

5. Técnicas de soldadura

Contenidos

INTRODUCCIÓN

En los siguientes apartados veremos la soldadura blanda, la eléctrica por arco voltaico y la oxiacetilénica. En el área de electromecánica la soldadura blanda es utilizada para garantizar la fiabilidad de las conexiones, asegurando la circulación de corriente en los circuitos sin caídas de tensión.

También veremos los distintos equipos de soldadura eléctrica por arco voltaico, tanto los de tipo electromecánico como los electrónicos, y dentro de estos, los inverter. Igualmente, veremos los tipos de electrodos, materiales de aportación y decapantes.

Por último, se describen las técnicas básicas de soldeo de los diferentes tipos de soldaduras.

5.1. SOLDADURA BLANDA

Se entiende por soldadura blanda al conjunto de operaciones que tienen por objeto unir piezas mediante la aplicación de calor, añadiendo a la unión una aleación de otros metales distintos a los que queremos unir, y con un punto de fusión inferior. La unión realizada mediante soldadura blanda es superficial, ya que no hay penetración al no fundirse las piezas soldadas, y que realizada en las debidas condiciones (preparación adecuada de las piezas a unir, utilización de decapantes o desoxidantes apropiados y uso del material de aportación específico), la unión de las piezas obtenida es lo su-

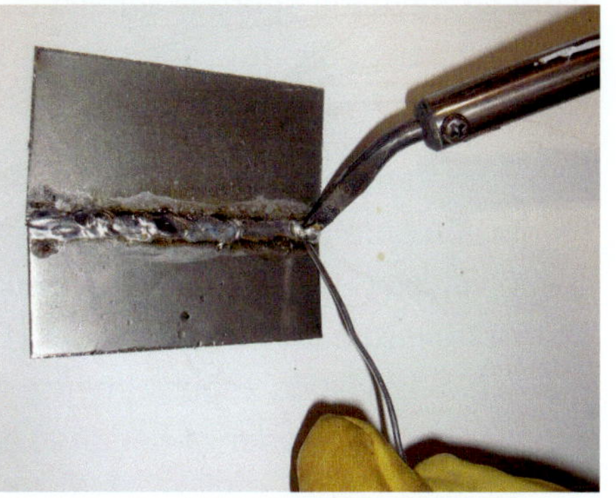

Figura 5.1. Soldadura de dos chapas con estaño.

ficientemente consistente como para necesitar de cierta fuerza para romperla (Figura 5.1).

El material de aportación normalmente utilizado es una aleación de estaño-plomo, añadiéndole a veces otros metales o sustancias para obtener determinadas características, su punto de fusión suele estar comprendido entre 160 °C y 250 °C en función de su composición. Por ejemplo, el bismuto añadido a la aleación de estaño-plomo se utiliza para descender el punto de fusión de la aleación, o aleaciones de plata para aumentar su resistencia.

Las principales **ventajas de la soldadura blanda** son:

- No se producen cambios físicos en el material a soldar al no alcanzar la temperatura de fusión.
- Si tienen capas de recubrimiento se conservan al no fundirse el material base.
- Se unen metales de distintas características.
- Al ser la temperatura de fusión del material de aportación muy baja, las zonas soldadas no presentan deformaciones.
- No se presentan tensiones superficiales al ser la temperatura de soldeo muy baja.
- No se necesitan medios de protección especiales.

5.1.1. Equipos de soldar con estaño

Los equipos utilizados para la realización de la soldadura con estaño son los soldadores y los sopletes con botella de gas butano o propano. Cuando el soplete va montado sobre la botella de gas, se les suele denominar lamparillas, y si el combustible utilizado por estos equipos es la gasolina se les denomina candilejas.

Hay gran variedad de tipos de soldadores teniendo en cuenta la fuente de alimentación para producir su calentamiento, normalmente se enchufan a la red a 220 voltios (Figuras 5.2 y 5.3), existiendo algunos cuya alimentación la realizan a través de un transformador (Figura 5.4), además existen los que se alimentan a 12 voltios especialmente diseñados para realizar soldaduras sobre vehículos y que pueden conectarse al encendedor del coche (Figura 5.5).

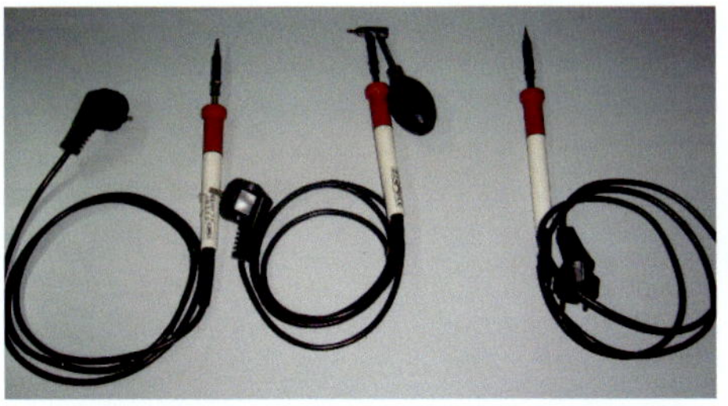

Figura 5.2. Soldadores y desoldador de estaño con alimentación a 220 voltios.

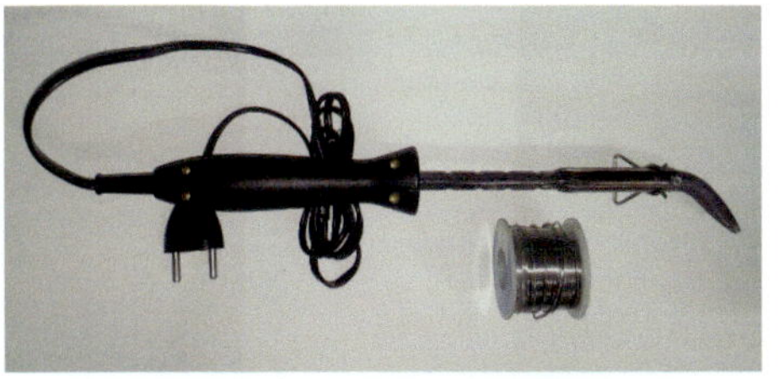

Figura 5.3. Soldador de estaño con alimentación a 220 voltios.

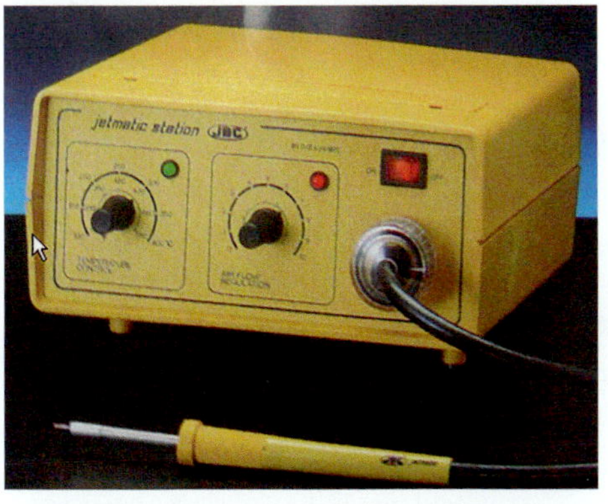

Figura 5.4. Soldador con transformador.

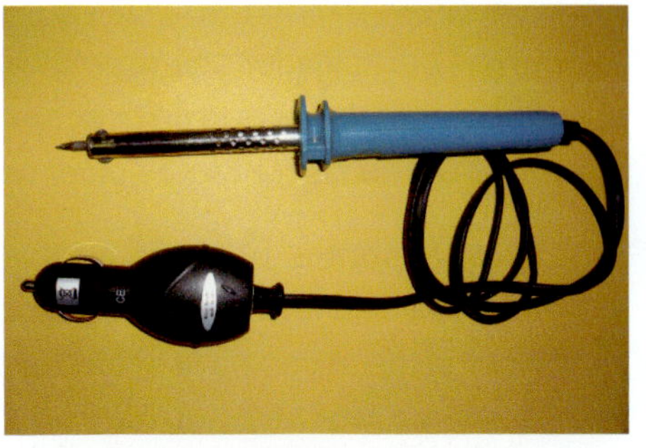

Figura 5.5. Soldador con alimentación a 12 voltios.

Otra variedad son los soldadores que funcionan con gas. Tienen un depósito que se carga de gas, el cual produce una llama que calienta la punta de cobre del soldador para efectuar la soldadura, tienen una gran aplicación cuando no se dispone de corriente eléctrica (Figura 5.6).

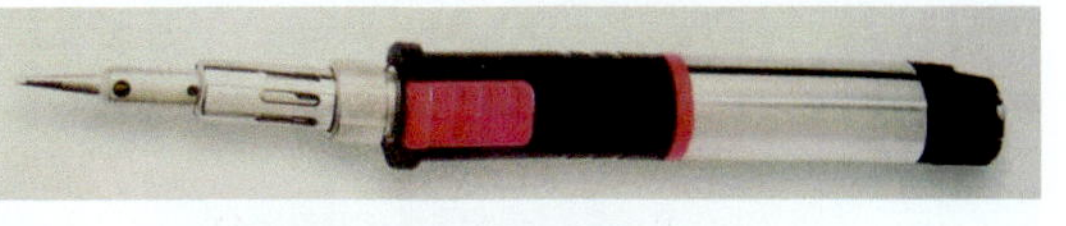

Figura 5.6. Soldador a gas.

5.1.2. Funcionamiento, constitución, características y conservación de los soldadores eléctricos

El funcionamiento de los soldadores eléctricos está basado en el efecto Joule; es decir, al recorrer la corriente una resistencia eléctrica se produce un calentamiento de esta, la cual a su vez calienta la punta del soldador, que es la que se utiliza para efectuar la soldadura.

El soldador está constituido por un mango de madera o plástico (1), la resistencia eléctrica (2), el cuerpo (3), la punta (4), y la clavija de conexión eléctrica

(5). Algunos llevan un selector de tensión para poder conectarlos a 125 o 220 voltios (Figura 5.7).

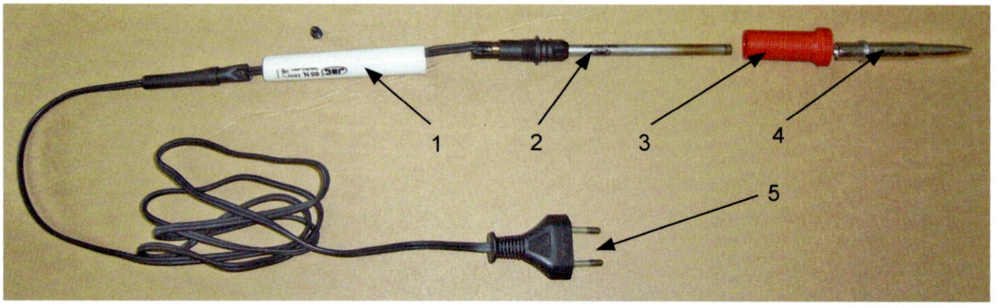

Figura 5.7. Constitución del soldador.

Las puntas del soldador son normalmente de cobre y llevan un tratamiento anticorrosivo para evitar que se descompongan por efecto de la oxidación, al estar la punta caliente en contacto con el oxígeno del aire.

Se fabrican distintos tipos de puntas de soldador y con distintas formas, las cuales se seleccionarán en función de los elementos a unir y de la mayor o menor dificultad de acceso a la soldadura a realizar (Figuras 5.8 y 5.9).

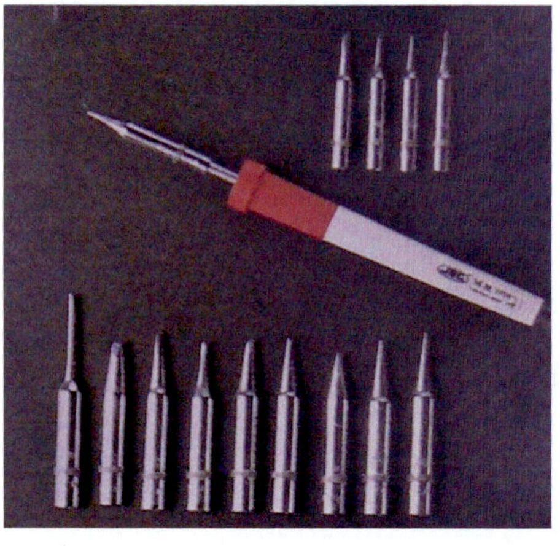

Figura 5.8. Detalle de puntas de soldador.

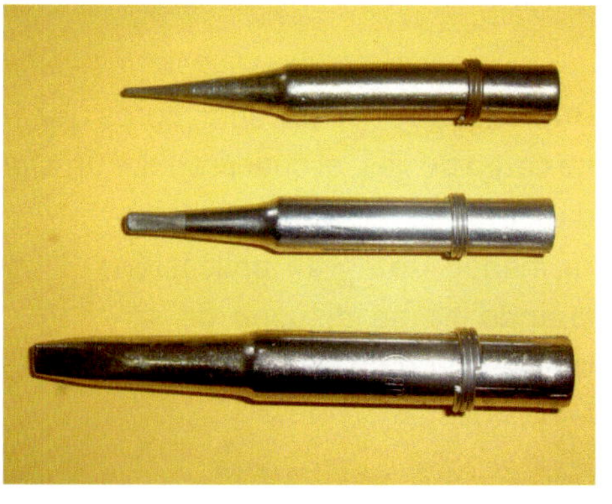

Figura 5.9. Diferentes tipos de puntas de soldador.

Para efectuar una buena soldadura es imprescindible que la punta del soldador se encuentre perfectamente limpia y estañada. Para realizar la limpieza de la punta y eliminar los óxidos se puede utilizar una esponja húmeda, sal de amoniaco, un cepillo de alambre que no sea muy agresivo o una lima muy fina. Los elementos utilizados en la limpieza se manejarán con mucho cuidado para evitar destruir las capas de protección superficial de la punta; el utilizar un elemento u otro dependerá del estado de deterioro en que se encuentre la punta del soldador.

Si fuera necesario restañar la punta del soldador se realizará una limpieza de la superficie eliminando el óxido y la suciedad, conectando a continuación el soldador a la corriente eléctrica y cuando esté a punto de alcanzar la temperatura de trabajo estañaremos la punta con hilo de estaño con alma de resina fundente.

Materiales que constituyen una punta de soldador

Una punta de soldar de larga duración está constituida por (Figura 5.10): (1) base de cobre, (2) capa de hierro, (3) capa de níquel, (4) capa de cromo, (5) preestañado. Estas capas de protección impiden que el estaño entre en contacto con el cobre de la punta impidiendo su deformación y su posterior destrucción.

Esta estructura de la punta consigue que su duración sea diez veces superior a una punta de cobre tradicional.

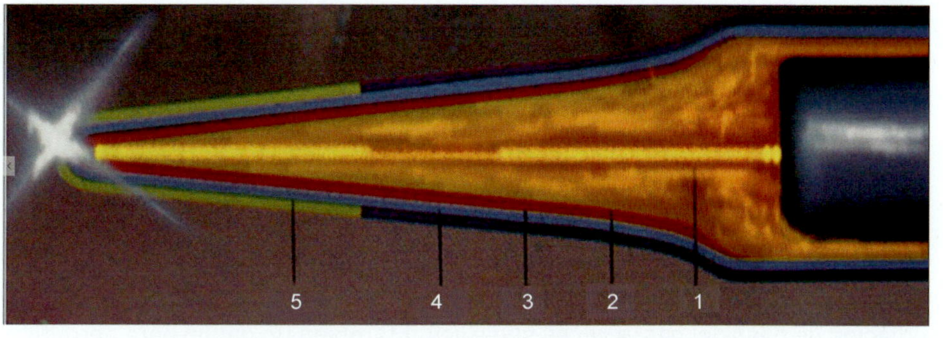

Figura 5.10. Detalle de una punta de soldar de larga duración.

Desoldadores eléctricos

Para sustituir componentes eléctricos pequeños o electrónicos, soldados con estaño, se utiliza un desoldador. El más corriente es el representado en la (Figura 5.11), denominado de pera. Es un accesorio que se monta sobre el cuerpo de un soldador, el representado en la figura es manual. Está constituido por un cuerpo, un fuelle de goma (pera) y una punta hueca. Al aplicar la punta sobre el componente a desoldar con la pera oprimida y sin aire, se funde el estaño que lo fija y al soltar de golpe la pera se produce una succión que aspira el estaño fundido y libera el elemento.

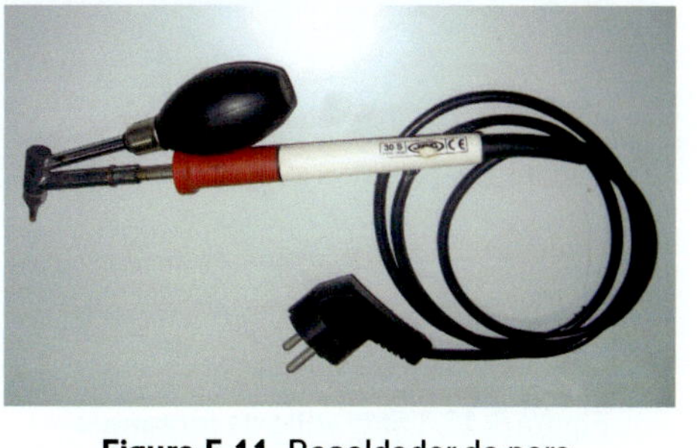

Figura 5.11. Desoldador de pera.

Las puntas se fabrican con el orificio de succión de diferente diámetro. Su utilización depende del diámetro de la patilla o los elementos a desoldar.

5.1.3. Funcionamiento, constitución y conservación de las lamparillas de fontanero y los sopletes de gas

Las lamparillas de fontanero y los sopletes de gas en el área del mantenimiento de vehículos se utilizan fundamentalmente para realizar la unión de tubos de cobre, estañado de superficies y aplicación de calor para atemperar superficies como el aluminio. Estas lamparillas y sopletes pueden alimentarse por butano o propano.

Las lamparillas de fontanero están constituidas por una bombona y un mechero que se monta sobre ellas, este tiene una llave de paso incorporada para regular el paso del gas y de la llama, algunas llevan incorporado un chispómetro piezoeléctrico para facilitar su encendido.

Las más utilizadas son las lamparillas de fontanero, suministradas como bote de gas desechable (Figura 5.12).

El soplete de gas (Figura 5.13) está constituido fundamentalmente por cuatro elementos: la llave reguladora (1), que se monta sobre la bombona (2) y que permite la salida del gas para la alimentación del soplete, esta llave es además reductora, un tubo flexible (3), que une la bombona al soplete y por el cual circula el gas, la empuñadura o mango (4) que lleva incorporada una llave de regulación de paso del gas, a veces suele llevar también un gatillo para permitir el paso del gas y aumento de la llama (5), cuando se suelta el gatillo permanece encendida la llama del mechero, y por último la boquilla o quemador (6), que se

Figura 5.12. Lamparilla de fontanero suministrada como bote de gas desechable.

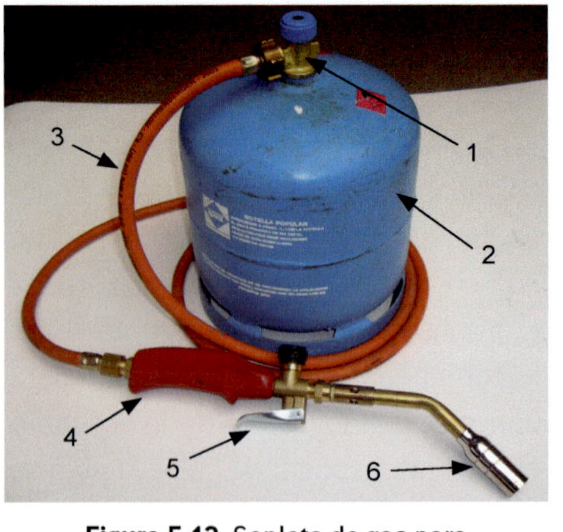

Figura 5.13. Soplete de gas para soldadura blanda.

monta sobre la empuñadura; las hay de diferentes tipos en función de la soldadura a realizar y de la concentración de calor necesario para poder efectuarlas. Existen varios tipos de boquillas, aunque fundamentalmente se utilizan tres:

- **Boquilla o quemador de fontanería:** proporciona una llama de tipo envolvente, se utiliza fundamentalmente para la soldadura de tubos de cobre con estaño y para el estañado de superficies (Figura 5.14).
- **Boquilla o quemador de punta fina:** proporciona una llama del tipo dardo aportando por lo tanto mayor temperatura, se utiliza por ejemplo para la soldadura con estaño-plata (Figura 5.15).
- **Boquilla o quemador de punta superfina:** al igual que la anterior, proporciona una llama del tipo dardo más concentrada, aportando por tanto mayor temperatura de calentamiento, se utiliza para la soldadura fuerte, como por ejemplo para la unión de tubos mediante estaño-plata (Figura 5.16).

Figura 5.14. Boquilla o quemador de fontanería.

Figura 5.15. Boquilla o quemador de punta fina.

Figura 5.16. Boquilla o quemador de punta superfina.

5.2. MATERIALES DE APORTACIÓN Y DECAPANTES

Se denomina material de aportación al metal fundente de naturaleza distinta al material base a unir y que al fundirse por la aportación de calor produce la unión de las piezas.

La elección del material de aportación se realiza en función de:

- Los materiales a unir.
- El tipo de soldadura a efectuar.
- La extensión de la soldadura.
- El uso a que se destinen las piezas soldadas.

Los materiales de aportación se presentan en el mercado en barras, tiras (alambres), pasta, polvo y en rollo, siendo muy variadas las proporciones en que intervienen el estaño, el plomo y otros materiales que confieren características determinadas a las soldaduras.

El material de aportación tiene que tener dos características fundamentales: la mojadura y la capilaridad:

- **Mojadura:** es la facilidad que tiene el material de aportación al pasar del estado sólido al líquido para extenderse por toda la superficie de la pieza, lo que facilita su adhesión.
- **Capilaridad:** esta característica determina la facilidad del metal de aportación para penetrar entre las piezas a unir. Se produce en la superficie del material de aportación al pasar al estado líquido y estar en contacto con un sólido.

5.2.1. Tipos de materiales de aportación utilizados

Los principales tipos de materiales de aportación son de estaño-plomo en barra, en rollo y en pasta.

■ Material de aportación de estaño-plomo en barra

El estaño-plomo en barra se presenta en distintas proporciones de los materiales que los constituyen, siendo las más comunes las de 33/67, 40/60 y 50/50 de estaño-plomo. Normalmente, suelen traer grabada sobre su superficie la proporción de su composición y se fabrican en distintos grosores (Figura 5.17).

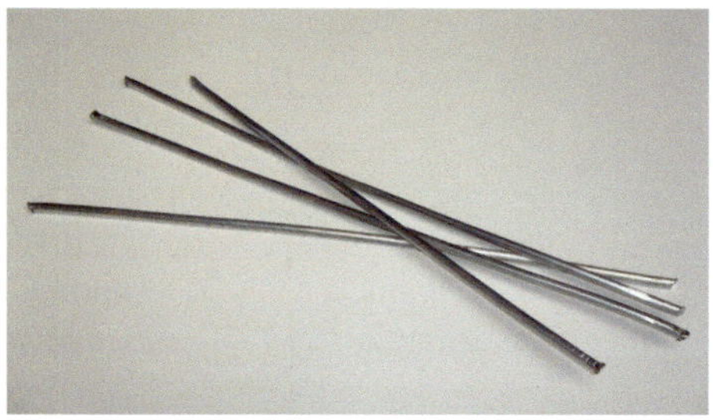

Figura 5.17. Material de aportación de estaño-plomo en barra.

■ Material de aportación de estaño-plomo en rollo

El estaño-plomo en rollo es el más utilizado en la soldadura de elementos eléctricos y electrónicos (Figura 5.18), así como en la unión de tubos de cobre. Una variante utilizada es el estaño-plata que proporciona mayor resistencia a la unión.

Figura 5.18. Rollo de estaño-plomo.

Se fabrican también con alma de resina para facilitar la soldadura, no teniendo que utilizar en estos casos desoxidantes (Figura 5.19).

Figura 5.19. Rollo de estaño-plomo con alma de resina.

■ Material de aportación de estaño-plomo en pasta

Este tipo de material se utiliza fundamentalmente en las uniones de componentes electrónicos, o en las uniones que se requiera una baja temperatura para fundir el material de aportación, debido a la delicadeza de los elementos a soldar (Figura 5.20).

Figura 5.20. Material de aportación de estaño-plomo en pasta.

También se utiliza en el estañado de superficies para promover la adherencia de las capas posteriores de estaño-plomo, en las sustituciones parciales o en la unión de chapas. Para ello se aplica una fina capa con un pincel o una brocha sobre la superficie a estañar, fundiéndose al aplicar temperatura sobre ella, produciéndose la unión y sirviendo de anclaje a las posteriores capas de estaño-plomo en caso de ser necesarias.

5.2.2. Preparación del material base

Para obtener una buena soldadura, hay que conseguir que al fundirse el metal de aportación, se extienda totalmente por toda la superficie a unir del material base. Lográndose una buena unión cuando existe una limpieza perfecta sobre toda la superficie en la que se va a depositar el material de aportación fundido, ya que en aquellas zonas donde exista suciedad, óxidos o impurezas no podrá bañarse con la aleación de estaño-plomo fundido, dando lugar a soldaduras defectuosas.

La limpieza del metal se realiza con medios mecánicos y químicos. Los medios mecánicos se utilizan para la eliminación de grasas, óxidos en profundidad y suciedad fuertemente adherida. Se puede realizar con cepillos de alambre (Figura 5.21), lijas (Figura 5.22), abrasivos tridimensionales (Figura 5.23), lanas de acero y estropajos de aluminio (Figura 5.24).

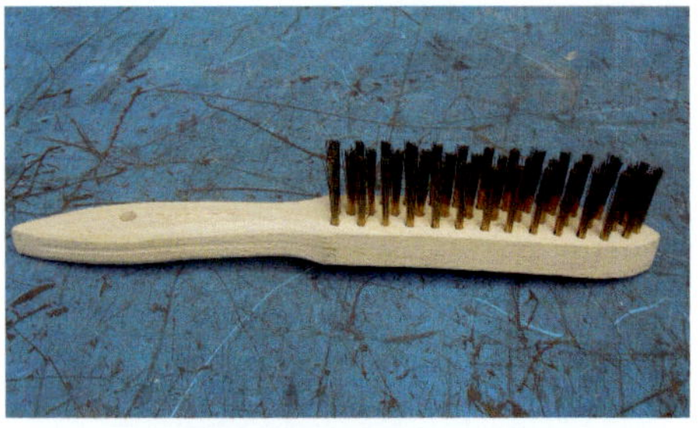

Figura 5.21. Cepillo de alambre.

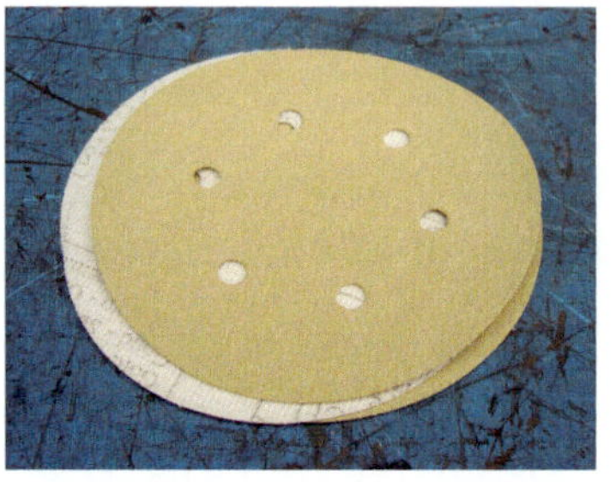

Figura 5.22. Discos de lija.

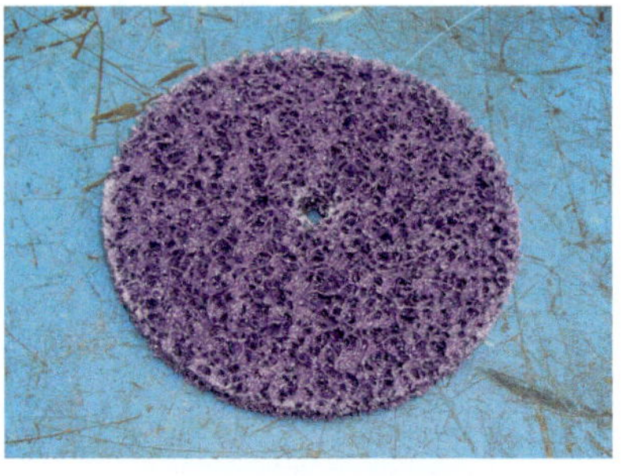

Figura 5.23. Abrasivo tridimensional.

Figura 5.24. Rollo de lana de acero.

Los medios mecánicos, además de eliminar la suciedad, realizan una preparación de la superficie produciendo un rayado que facilitará la posterior adherencia del material de aportación.

La limpieza química se efectúa con ácidos (como por ejemplo el cloruro de zinc, el cual prácticamente no se utiliza en el automóvil), o productos que atacan a los óxidos produciendo su eliminación como los decapantes o *flux*.

5.2.3. Decapantes más utilizados

Cuando la superficie del metal se encuentra libre de impurezas, óxido y suciedad, todavía no se debe efectuar el calentamiento del material a unir, ni del de aportación, ya que si les aplicásemos calor se produciría óxido de nuevo, por lo que hay que protegerles antes de la aportación de calor.

El producto que impide la formación del óxido durante el calentamiento y, por tanto, hace que las superficies estén limpias durante todo el proceso de la soldadura, se denomina decapante o *flux* (Figuras 5.25 y 5.26). Al aplicarlo, se extenderá perfectamente por toda la superficie, para facilitar que el material de aportación pueda cubrir totalmente la zona sobre la que se vaya a efectuar la soldadura, en las zonas en las que no se haya aplicado no fluirá por ella el material de aportación.

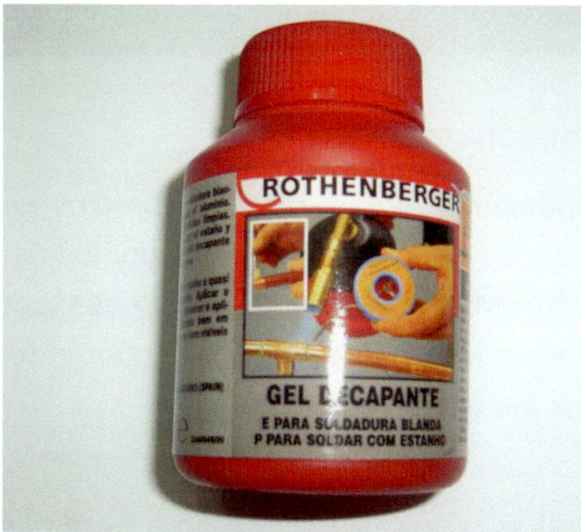

Figura 5.25. Decapante o *flux* en gel.

Figura 5.26. Decapante o *flux* líquido.

Durante la soldadura, en la fase de calentamiento, habrá que tener cuidado para evitar que el decapante se evapore, ya que esto originaría que se produjera la formación de óxidos dando lugar a fallos en la soldadura. Para ello, se comprobará continuamente el punto de fundición del material de aportación y no se sobrepasará el punto de ebullición del decapante. Los decapantes se fabrican en gel (Figura 5.25), líquido (Figura 5.26) o pasta. El decapante líquido se utiliza cuando se necesita que penetre por hendiduras o uniones profundas. Mientras que el gel o la pasta tienen la ventaja de resbalar menos por la superficie en la que se aplica, lo que determina su uso en función del trabajo y de la unión a efectuar.

Su composición es a base de productos químicos, siendo los más utilizados:

- El cloruro de zinc.
- El cloruro de amonio.
- La jalea de petróleo, etcétera.

Las principales características que debe tener un desoxidante son:

- Proporcionar unas superficies aptas para ser soldadas, eliminando los óxidos e impurezas que se encuentren en las superficies.
- Proteger el área a soldar y eliminar los óxidos que se producen durante el proceso de calentamiento y de soldeo.
- Tener un punto de fusión más bajo que el material de aportación.

- Favorecer el fundido del material de aportación.
- No deberá mezclarse con el material de aportación para evitar la formación de poros.
- Se deberá eliminar fácilmente al realizar la limpieza posterior de las zonas.

Precauciones en el manejo de los decapantes

Los decapantes en contacto con la piel producen quemaduras. Se deberá evitar el contacto con los ojos. Las emanaciones y los vapores producidos por los decapantes al realizarse su calentamiento durante la soldadura son tóxicos, por tanto deberá efectuarse en locales ventilados. Habrá que protegerse con indumentaria y guantes adecuados y preservar los ojos y la cara.

5.2.4. Precauciones en los procesos de soldadura

Para realizar una buena soldadura se deberá tener en cuenta los siguientes puntos:

- Se seleccionará el soldador teniendo en cuenta la potencia necesaria en función de la soldadura a efectuar y de los elementos a unir.
- Se limpiará perfectamente la punta del soldador y se restañará en los casos necesitado de ello.
- Se eliminarán las suciedades, grasas, óxidos y corrosión de las piezas que se van a soldar.
- Se aplicará decapante o flux en las zonas a soldar.
- Se realizará el estañado de las piezas en los casos necesarios.
- Se efectuará la soldadura de los elementos.
- Se eliminarán los residuos generados por los decapantes o *flux*.

En los procesos que se explican a continuación se describen ampliamente las técnicas de soldadura blanda con los diferentes equipos.

5.2.5. Medidas de seguridad en los procesos de soldadura blanda

En los procesos de soldadura blanda hay que tener presentes las siguientes medidas de seguridad (Figura 5.27):

- Hay que protegerse la vista con gafas adecuadas, para evitar proyecciones o salpicaduras de estaño o decapante, siendo apropiada para estos procesos las de metacrilato, ya que permiten una buena visión.

- En caso de tener el cabello largo, se deberá recoger, protegiéndose con una gorra, para evitar que pueda quemarse en los procesos de soldadura.
- Deberán quitarse los anillos y las pulseras, para evitar que se puedan enganchar produciendo accidentes.
- Se protegerán las manos con guantes adecuados, para evitar quemaduras y el contacto con los decapantes o *flux*.
- Se deberá controlar si existen pérdidas de gas en los equipos de soldadura que pudieran producir incendios.
- Las botellas de gas se almacenarán en lugares aireados y que no sean excesivamente calurosos.
- Se deberá evitar la aspiración de los vapores producidos en el calentamiento de los decapantes, protegiéndose adecuadamente.
- La ropa a utilizar será adecuada y exenta de manchas de grasa, aceite o cualquier substancia inflamable.
- Se tendrá especial cuidado en no tocar las zonas calientes después de efectuar las soldaduras, ya que se producirán quemaduras.
- En el manejo de los soldadores eléctricos se pondrá especial cuidado en que no se produzcan quemaduras en el cable, que podrían producir descargas al quedar los hilos de cobre al descubierto.
- Se tomarán las precauciones adecuadas al efectuar soldaduras con los soldadores eléctricos, si se tienen la ropa o los pies húmedos.

Figura 5.27. Ropa y elementos de protección personal.

5.3. SOLDADURA OXIACETILÉNICA Y OXICORTE DE CHAPA FINA

La soldadura oxiacetilénica se consigue mediante la fusión del material base y del material de aportación, utilizando para ello una llama producida por la combustión de oxígeno (O_2) y acetileno (C_2H_2).

La temperatura que alcanza este tipo de soldadura está entre 3100 °C y 3200 °C, temperatura muy superior a la de fusión del metal que se va a soldar.

Si se añade material de aportación de la misma naturaleza que el material base tendremos una soldadura homogénea, si es de distinta naturaleza será una soldadura heterogénea, y si no tiene ningún tipo de material de aportación será una soldadura autógena.

5.3.1. Equipo de soldadura oxiacetilénica

El equipo de soldadura oxiacetilénica (Figura 5.28) consta de dos botellas cilíndricas: una de oxígeno (O_2) y otra de acetileno (C_2H_2).

El oxígeno es un gas incoloro, muy activo y no inflamable.

El acetileno es un gas combustible, inflamable y más ligero que el aire.

El equipo también está formado por manorreductores, mangueras y soplete.

Figura 5.28. Equipo de soldadura oxiacetilénica.

■ Manorreductores

El oxígeno y el acetileno se suministran en botellas a una presión alta. No pueden utilizarse estos gases a esa presión y para reducirla se utilizan los manorreductores, como el que se muestra en la Figura 5.29.

El manorreductor de oxígeno y el de acetileno son distintos, y para que no haya errores al colocarlos, en las botellas llevan un sistema de rosca distinto.

Figura 5.29. Manorreductor.

■ Mangueras

Las mangueras son unos conductos que unen los manorreductores de las dos botellas (oxígeno y acetileno) con el soplete. Están fabricadas de goma sintética que resiste a los gases.

La manguera de oxígeno es de color azul y la de acetileno es de color rojo (Figura 5.30).

Figura 5.30. Mangueras.

■ Soplete

Es la parte más importante del equipo de soldadura, permitiendo la mezcla de los gases para conseguir la llama necesaria.

Consta, como vemos en la Figura 5.31, de la empuñadura, el inyector, la cámara interna de mezcla o lanza y la boquilla.

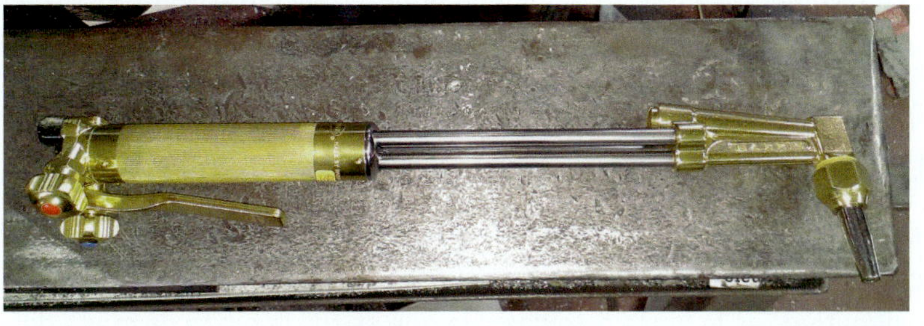

Figura 5.31. Soplete.

La llama, dependiendo de su forma y color, puede mostrar tres zonas diferentes: el **dardo** de color verde brillante, la **zona reductora** de color azul y, por último, el **penacho** de color rosado y que rodea a las anteriores (Figura 5.32).

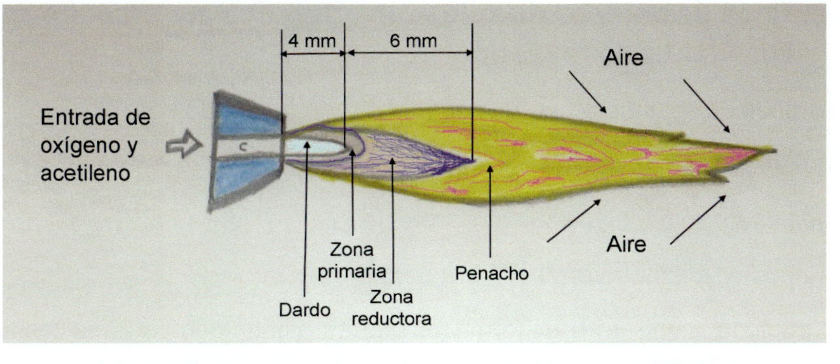

Figura 5.32. Partes de la llama en una soldadura oxiacetilénica.

5.3.2. Oxicorte de chapa

El corte de chapa se realiza con un soplete cortador. Se efectúa en dos fases:

- En la primera fase el acero de la chapa se calienta con la llama producida por la mayor aportación de oxígeno que acetileno u otro combustible (hidrógeno, crileno o propano, entre otros), alcanzando una temperatura que oscila entre 900 ºC y 1000 ºC.
- En la segunda fase una corriente de oxígeno corta el metal (Figura 5.33).

Figura 5.33. Proceso de corte con oxicorte.

5.4. EQUIPOS DE SOLDADURA ELÉCTRICA POR ARCO

La soldadura eléctrica por arco voltaico puede realizarse en una atmósfera de gas inerte o con electrodo revestido. Aquí nos vamos a ocupar de esta última.

5.4.1. Soldadura eléctrica por arco con electrodo revestido

El calor necesario para realizar este tipo de soldadura se produce por un arco voltaico, formado entre conductores de distinta polaridad. Uno de los conductores (el negativo) es la pieza a soldar, a la que se fija la pinza de masa del equipo de soldadura, y el otro conductor es el electrodo (el positivo), que se monta en la pinza portaelectrodos. El electrodo es el material de aportación para realizar la unión de las piezas a soldar.

5.4.2. Tipos de equipos de soldadura eléctrica por arco con electrodo revestido

Los equipos de soldadura por arco con electrodo revestido son:

- Equipos de soldar electromecánicos (convencionales) (Figura 5.34).
- Equipos de soldar electrónicos (profesionales) (Figura 5.35).
- Equipos de soldar inverter (Figura 5.36).

Estos equipos llevan un transformador que es alimentado con una tensión de entrada de 220 voltios monofásico, o 380 voltios trifásico, dependiendo de las características y potencia de los equipos, proporcionando una tensión de salida normalmente inferior a los 75 voltios. La tensión de salida puede ser alterna o continua.

Los equipos llevan un sistema de regulación de la corriente que puede ser de tipo mecánico (son los equipos electromecánicos), o con regulación electrónica (dando lugar a los equipos de soldar electrónicos e inverter).

La diferencia entre los equipos de regulación electrónica y los inverter es que en estos últimos el regulador electrónico convierte la corriente de 50 Hz en frecuencias superiores a los 30 000 Hz, lo que permite una reducción de peso del equipo que puede llegar hasta la décima parte para una misma potencia de salida, y reducir su consumo eléctrico hasta en un 50 %.

Figura 5.34. Equipo de soldar electrónico convencional.

Figura 5.35. Equipos de soldar electrónicos profesionales.

Figura 5.36. Equipo de soldar inverter.

5.5. TIPOS DE ELECTRODOS

El electrodo utilizado en los procesos de soldeo está formado por la varilla y el recubrimiento (Figura 5.37).

La varilla es el material de aportación que al fundirse une las piezas a soldar, por tanto, está constituida por un material similar a las piezas a unir.

El recubrimiento ayuda al cebado y estabilidad del arco voltaico, facilita la ejecución de la soldadura en distintas posiciones, evita la porosidad en el cordón, consigue una mejor formación del cordón de la soldadura y mejora la calidad de la soldadura.

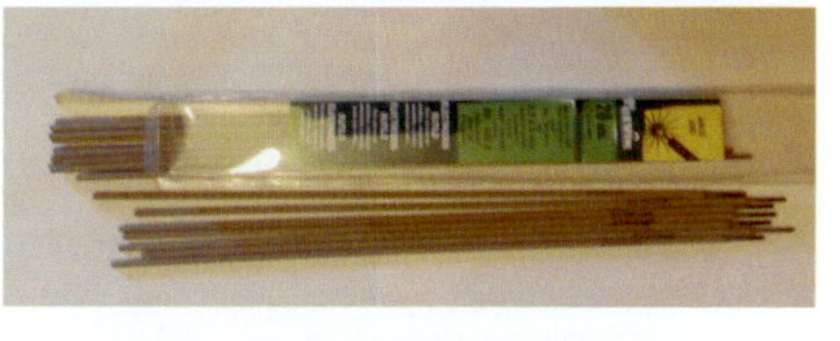

Figura 5.37. Electrodos de rutilo.

5.5.1. Clasificación de los electrodos recubiertos

Los electrodos se clasifican teniendo en cuenta la varilla y el recubrimiento.

- Clasificación teniendo en cuenta la varilla:
  - Electrodos para aceros blandos.
  - Electrodos para aceros duros.
  - Electrodos para aceros inoxidables.
  - Electrodos para soldadura de fundición.
  - Electrodos para la realización de rellenos y recargas.
- Clasificación teniendo en cuenta el recubrimiento:
  - Electrodos con recubrimiento de rutilo.
  - Electrodos con recubrimiento celulósico.
  - Electrodos con recubrimiento bajo hidrógeno.
  - Electrodos con recubrimiento polvo de hierro.

5.5.2. Uso de los electrodos teniendo en cuenta su recubrimiento

El recubrimiento de los electrodos puede ser de:

- **Rutilo:** son los más utilizados, permiten efectuar soldadura en todas las posiciones, dan una calidad de cordón bastante buena y unas características de resistencia de la unión adecuada.
- **Celulósico:** se utiliza fundamentalmente para la soldadura vertical descendente, son excelentes para soldar aceros con más del 0,25 % de carbono.
- **Bajo hidrógeno:** dan soldaduras de alta calidad debido a su bajo contenido en hidrógeno y carbono, se utilizan para soldadura de aceros de alto contenido en carbono superior al 0,25 %.
- **Polvo de hierro:** producen un cordón muy grueso, pudiendo llegar a triplicar el diámetro de la varilla, debido a que el recubrimiento tiene en su composición hasta el 50 % de hierro.

En la elección del tipo de electrodo para la ejecución de la soldadura hay que tener en cuenta:

- El tipo de material de las piezas a unir.
- La posición de la soldadura (horizontal, vertical o en techo).
- Las especificaciones del servicio de las piezas a unir.
- La efectividad y rapidez en la ejecución de la soldadura.

5.6. TÉCNICAS BÁSICAS DE SOLDEO

Las técnicas de soldadura que hay que aplicar dependerán del proceso de soldeo a efectuar.

Los tipos de soldadura que se pueden realizar para la unión de piezas son: horizontal, vertical ascendente o vertical descendente y en techo.

La preparación de los bordes de las piezas a unir estará condicionada por el espesor de los materiales a soldar, pudiendo ser: a tope, en V y en X.

5.6.1. Proceso de soldeo por arco con electrodo revestido

Antes de realizar cualquier proceso de soldeo, deberemos seleccionar los equipos de protección personal estipulados: careta, guantes, polainas, mandiles de cuero, mascarilla y calzado adecuado.

Para la realización del proceso de soldeo de las piezas se debe seguir la siguiente secuencia:

- Realizar la preparación de los bordes de las piezas a unir en los casos necesarios (esto dependerá del espesor de las piezas a unir).
- Preparar las piezas a unir (eliminación de óxidos, desengrasado y limpieza).
- Seleccionar el equipo de soldadura y material necesario (piqueta, cepillo de alambre, etc.).
- Seleccionar los electrodos en función del espesor de los materiales y del tipo de soldadura a efectuar (Figura 5.38).

Figura 5.38. Selección de electrodos en función del espesor y del material.

- Posicionar las piezas y realizar la sujeción adecuada para realizar la soldadura.
- Realizar el conexionado del equipo a las piezas (pinza de masa) y montar el electrodo sobre el porta-electrodos dándole la inclinación adecuada.
- Realizar la puesta en servicio del equipo (poner en funcionamiento y regular la intensidad en función del electrodo).

- Preparar el electrodo, realizando el cebado del arco sobre un trozo de hierro auxiliar.
- Realizar el punteado de las piezas a unir en los casos necesarios para evitar que la unión se pueda separar a medida que avanzamos en la soldadura.
- Realizar el proceso de soldadura utilizando la técnica adecuada a la unión (Figura 5.39).
- Efectuar el picado de la cascarilla una vez que ha bajado la temperatura de la soldadura para conseguir que se desprenda con facilidad.
- Verificar que la soldadura efectuada reúne las características estipuladas.

Figura 5.39. Realización del proceso de soldadura.

ACTIVIDADES FINALES

5.1. ¿Qué equipos se utilizan en la soldadura blanda?

a) Soplete con dos gases, un combustible y un comburente.
b) Soldador eléctrico y soplete de gas.
c) Máquinas de soldar por puntos.
d) Equipo de soldadura por arco.

5.2. ¿Cuáles son los materiales que constituyen una punta de soldador de larga duración?

a) Base de hierro, cubierta de cobre.
b) Base de estaño-plata, capa de cromo, capa de preestañado.
c) Base de cobre, capa de hierro, capa de níquel, capa de cromo, capa de preestañado.
d) Base de estaño-plomo, capa de estaño-plata, capa externa de cobre.

5.3. Se considera que una soldadura es blanda cuando la temperatura de fusión es:

a) Superior a los 450 °C.
b) El triple del material de aportación compuesto por estaño-plomo.
c) Inferior a los 450 °C.
d) De 630 °C.

5.4. ¿En qué efecto está basado el funcionamiento de los soldadores eléctricos?

a) Efecto electromagnético.
b) Intercambio de calor con los cuerpos adyacentes.
c) Efecto Joule.
d) Ley de Ohm.

5.5. ¿Qué es la mojadura en una soldadura?

a) Es la unión de un metal y el material de aportación sin que este cubra toda la pieza.
b) Es la facilidad que tiene el material de aportación para fundirse.
c) Se produce al enfriarse el material de aportación en la soldadura de las piezas.
d) Es la facilidad que tiene el material de aportación al pasar al estado líquido de extenderse por toda la superficie de la pieza, lo que facilita su adhesión.

5.6. En la soldadura con electrodo revestido, el calor para la soldadura se produce por:

a) El roce entre el electrodo y la pieza.

b) La llama del soplete.

c) El encendido piezoeléctrico.

d) El arco voltaico que se produce entre la pieza y el electrodo.

5.7. ¿Cuál es la diferencia entre los equipos de soldadura con regulación electrónica y los inverter?

a) Que en estos últimos el regulador electrónico convierte la corriente de 80 Hz en frecuencias superiores a los 30 000 Hz.

b) Que los inverter reducen el peso hasta una décima parte y hasta un 50 % el consumo eléctrico.

c) Que en estos últimos el regulador electrónico convierte la corriente de 150 Hz en frecuencias superiores a los 3000 Hz.

d) No tienen diferencias sustanciales entre sí.

5.8. Indica los tipos de equipos de soldadura eléctrica por arco con electrodo revestido:

a) Electromecánicos, automáticos y semiautomáticos.

b) Electromecánicos, inverter y automáticos.

c) Electromecánicos, electrónicos e inverter.

d) Inverter, de gas y electromecánicos.

5.9. Teniendo en cuenta el recubrimiento, ¿qué electrodos son los más utilizados porque permiten hacer soldaduras en todas las posiciones, dan una calidad de cordón buena y una resistencia de la unión adecuada?

a) Bajo hidrógeno.

b) Rutilo.

c) Celulósico.

d) Polvo de hierro.

5.10. En la elección del tipo de electrodo para la ejecución de la soldadura hay que tener en cuenta:

a) El tipo de material de las piezas a unir.

b) Especificaciones, efectividad y rapidez en la ejecución de la soldadura.

c) Posición de la soldadura (horizontal, vertical y techo).

d) Todas las respuestas anteriores son correctas.

Otros libros de los autores

Título: **EL TUNING EN EL EMBELLECIMIENTO Y PERSONALIZACIÓN DE VEHÍCULOS.**
Autor: PEDRO URDA FERNÁNDEZ-BRAVO
ISBN: 978-84-9732-648-3

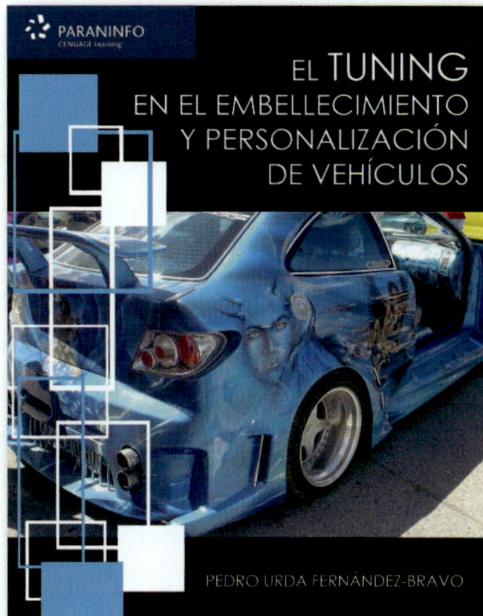

Este libro va dirigido a todas las personas interesadas en conocer las técnicas y procesos que se emplean en el área de preparación y embellecimiento de superficies para la personalización, decoración y tuning de vehículos.

En el libro se hace una amplia descripción de los productos y procesos que se utilizan en la preparación y el embellecimiento de superficies, como la gama de pinturas al agua, difuminados y pinturas especiales.

Cabe destacar la exposición exhaustiva de las técnicas de aerografía, incorporando una gran cantidad y variedad de ejemplos ilustrados con numerosas fotografías a todo color explicadas paso a paso.

Título: **MECANIZADO BÁSICO.**
Autor: JOSÉ MARÍA GARCÍA CASTRO Y PEDRO URDA FERNÁNDEZ-BRAVO
ISBN: 978-84-9732-693-3

El libro va dirigido a los alumnos de los Ciclos formativos de Grado Medio. Igualmente a todas las personas con interés por conocer los métodos, las técnicas y los procesos que se emplean en el mecanizado básico.

Cabe destacar que en el libro, además del mecanizado básico y su trazado, se describe ampliamente el equipamiento y herramientas necesarios para desarrollar las operaciones de mantenimiento de vehículos, a los materiales metálicos, férreos y no férreos utilizados en su fabricación y a los procesos efectuados con soldadura blanda.

Esta obra plantea los temas de manera detallada, clara y sencilla, ayudándose de ejemplos prácticos explicados paso a paso, además de acompañar los capítulos con un gran número de ejercicios y cuestionarios.